L•E•O

SARA KLÜBER & MARCO HANSEL

Love & Compass

MIT DEM LAPTOP UM DIE WELT – ERFOLGREICH, FREI UND GLÜCKLICH ALS DIGITALER NOMADE

L•E•O

IMPRESSUM

Dieses Buch enthält Links zu externen Webseiten Dritter, auf deren Inhalte der LEO Verlag keinen Einfluss hat. Deshalb können wir für diese fremden Inhalte auch keine Haftung übernehmen. Für die Inhalte der verlinkten Seiten ist stets der jeweilige Anbieter oder Betreiber der Seiten verantwortlich.

Die verlinkten Seiten wurden zum Zeitpunkt der Verlinkung auf mögliche Rechtsverstöße überprüft, rechtswidrige Inhalte waren nicht erkennbar. Bei Bekanntwerden von Rechtsverletzungen werden wir derartige Links umgehend entfernen.

LEO Verlag ist ein Imprint der Scorpio Verlag GmbH & Co. KG

MIX
Papier aus verantwortungsvollen Quellen
FSC® C014889

1. Auflage

Gestaltung: Kerstin Fiebig // ad-department.de
Projektleitung und Lektorat: Angela Hermann-Heene
Umschlagfoto der Autoren: © Marco Hansel und Sara Klüber,
außer Foto unten rechts: ©Verena & Wolfgang Wittmann von Silence and Flow
Alle Fotos im Innenteil: © Marco Hansel und Sara Klüber

Druck und Bindung: Pustet, Regensburg

ISBN 978-3-95736-118-9

www.leoverlag.de
www-scorpio-verlag.de

*Für alle, die an uns geglaubt haben,
aber auch für alle, die nicht an uns geglaubt haben.
Ihr seid unser größter Ansporn!*

Inhalt

6. Kapitel: Ortsunabhängig leben, arbeiten & reisen ... 188

Nachwort: Hör auf zu überlegen. Leg los! Jetzt! ... 218

Vorwort

Von kleinen und großen Wundern

Hey! Dürfen wir uns kurz vorstellen? Wir sind Sara und Marco. Aber das weißt du ja vermutlich schon. Was du vielleicht nicht weißt: Dieses Buch ist ein kleines oder eher doch großes Wunder. Ein Wunder, das wir nie für möglich gehalten hatten. Bis zu dem Tag, als plötzlich die Anfrage vom LEO Verlag in unser E-Mail-Postfach flatterte.

Noch vor wenigen Jahren führten wir ein so komplett normales Leben, wie du es dir nur vorstellen kannst. Sara Einzelhandelskauffrau, Marco Elektroniker. Mickriges Gehalt. Nervige Arbeit. Allgemeine Unzufriedenheit.

Eben ein typischer Lebenslauf in der unteren Mittelschicht. Ein Leben, wie es in Deutschland oder Europa Millionen von Menschen führen. Wir waren unglücklich vergeben an zwei Existenzen, die uns eiserne Fesseln anlegten. Wir lebten praktisch über Jahre hinweg genauso, wie wir es immer und immer wieder vorgemacht bekamen. Im Kindergarten, in der Schule, in der Ausbildung, aber auch von Freunden, Bekannten und der Familie. Und wir merkten es nicht einmal!

Doch jetzt, über drei Jahre später, gibt es diese zwei Leben nicht mehr. Wir haben die Fesseln gesprengt, sie wie Papierkugeln zusammengeknüllt und in den nächsten Mülleimer geballert. Wir trafen für uns eine Entscheidung, die alles veränderte: die Entscheidung, glücklich zu werden! Ein Leben zu führen, bei dem wir die Strippen ziehen. Und während wir gerade die ersten Wörter dieses Buches in unsere Laptops tippen, sitzen wir auf zwei weißen Holzstühlen, haben die Skyline Kuala Lumpurs im Blick und denken uns: Alles richtig gemacht.

Die letzten drei Jahre sind wir nämlich mit unserem Reiseblog Love & Compass online so richtig durchgestartet, haben eigene Reiseführer veröffentlicht, uns eine unglaublich treue Community aufgebaut, bekannte Partner ins Boot geholt und dürfen nun dieses gleichnamige Buch für dich schreiben.

Ein Buch mit einer ordentlichen Portion Humor, einigen emotionalen Achterbahnfahrten und den persönlichen Erkenntnissen aus unseren letzten drei Jahren. Aber auch mit klaren Hinweisen, Tipps und Anleitungen, wie auch du als »digitaler Nomade« mit einem eigenen Online-Business Gas geben und gleichzeitig reisen kannst.
Unser größter Wunsch ist es, dass du zum Schluss sagst: »Wow, jetzt bin ich ein ganzes Stück schlauer und weiß, dass ich genau dieses Leben will!« Vielleicht sagst du aber auch: »Hm, so habe ich mir das als digitaler Nomade irgendwie nicht vorgestellt.« Und weißt du was? Auch dann sind wir froh! Weil wir dich davor bewahrt haben, einen falschen Schritt zu machen, und du stattdessen in die für dich persönlich richtige Richtung gehen kannst.
Was auch immer dieses Buch am Ende bei dir auslösen mag: DANKE! Danke, dass du es in deinen Händen hältst und dir eine neue Lebenschance geben willst! Denn genau das ist es, was unsere Welt heutzutage am dringendsten braucht: Menschen, die etwas im positiven Sinn verändern wollen! Menschen, die glücklich sind!

FÜR WEN WIR DIESES BUCH SCHREIBEN

Tja, wen wollen wir überhaupt erreichen mit diesem Buch? Für wen machen wir uns diese ganze Arbeit? Die Antwort ist:

Für jeden einzelnen Menschen, der sich mehr von seinem Leben erwartet! Der tief in sich das Gefühl verspürt, dass es da draußen mehr geben muss als einen lästigen 9-to-5-Job, einen nervigen Chef, allgemeine Unzufriedenheit und ein riesiges Hamsterrad, dass sich seit Jahren unaufhörlich weiterdreht.
Es ist ein Buch für alle Andersdenker, freien Geister, Macher, Weltentdecker und die, die es noch werden wollen. Für Menschen, die Bock haben, etwas zu verändern. Die ab sofort keine eigenen Ausreden mehr gelten lassen und für die das Wort »Zufriedenheit« kein Fremdwort mehr sein soll.
Da du dieses Buch gerade in den Händen hältst, gehen wir davon aus, dass du so ein Mensch bist: DU willst mehr! DU willst glücklich sein! DU willst Gas geben! Und DU hast Bock, etwas zu verändern!
Außerdem ist es einer deiner größten Träume, für mehrere Monate oder auch Jahre um die Welt zu reisen bzw. im Ausland zu leben. Und auch der Wunsch, dein eigener Chef zu werden und ein eigenes, erfolgreiches Online-Business zu starten, steht weit oben auf deiner Liste.
Solltest du dir dagegen nicht vorstellen können, viel zu reisen, viel Zeit am Laptop zu verbringen und viel Leidenschaft zu investieren, dann verschenke das Buch lieber schnell weiter oder bringe es zurück in die Buchhandlung. Denn eines muss dir bewusst sein: Wenn du anfängst, dieses Buch zu lesen, und bereit dafür bist, einen völlig neuen Lebensweg einzuschlagen, dann musst du es mit ganzem Herzen anpacken. Dann musst du es zu 110 Prozent wollen!
Wenn du dagegen nur sagst »Ja, ich kann's ja mal ausprobieren …«, dann lass es lieber gleich sein. Es wird nicht lange dauern und du stehst wieder in deinem alten Job und das Hamsterrad beginnt sich von vorne ohne Pause zu drehen.

Willst du das? Willst du das wirklich? Es ist deine Entscheidung!

WAS DU DIR VON DIESEM BUCH NICHT ERWARTEN SOLLTEST

Oft erwarten sich viele Menschen von einem Buch wie diesem die All-in-one-Lösung. Den einen richtigen Weg, der sie morgen glücklich und übermorgen zum Millionär macht. Diesen einen Weg gibt es aber nicht. Auch nicht in diesem Buch. Sorry.
Außerdem werden wir dir auch nicht rund um die Uhr Honig ums Maul schmieren und dir erzählen, wie toll und sorgenlos ein Leben als digitaler Nomade ist. Denn das ist es nicht. Sogar an den schönsten Orten der Welt blitzt und donnert es manchmal.
Auch Stories darüber, wie wir mit Laptop und Kokosnuss am Strand sitzen, während ein rosarotes Einhorn mit buntem Schweif am Horizont vorbeigaloppiert,

wirst du hier vergeblich suchen. Denn mit der Wahrheit hat das absolut gar nichts zu tun. Weder das Einhorn noch der Laptop am Strand. ☺

Vielmehr ist es unsere absolute Herzensangelegenheit, dir alle Seiten dieses Lebens zu zeigen. Nicht nur die schönen, sondern auch die schlechten. Denn obwohl die weniger häufig vorkommen, gibt es sie. Und sie können ganz schön nervig sein!

Was uns beim Schreiben ebenfalls sehr wichtig war: Wir wollten keinen trockenen A bis Z Ratgeber schreiben, der sich liest, als hätte er den längsten Stock der Welt im Arsch. Dafür sind wir beide viel zu emotional, viel zu humorvoll und haben die letzten drei Jahre viel zu viel selbst erlebt. Statt Textwüsten, die vor kargen Informationen nur so strotzen, haben wir auch klare Anleitungen immer wieder mit ein bisschen Herz aufgelockert.

Erwarte dir bitte dennoch keine leichte Kost, die du mal so nebenbei liest. Dieses Buch ist dazu da, um etwas in dir zu bewegen. Um an dir selbst zu arbeiten. Und um viele frühere Dinge über den Haufen zu werfen und dich neu auszurichten. Dafür solltest du dir Zeit nehmen. Und ja, das alles kann emotional manchmal ganz schön nahe gehen! Vorausgesetzt, du lässt dich wirklich darauf ein!

Wir schreiben also für Menschen, die gerade damit anfangen, ihr altes Leben zu hinterfragen, und einen möglichen Ausweg suchen. Menschen, die noch völlig am Anfang stehen und eine helfende Hand benötigen. Wenn du dagegen schon digitaler Nomade bist oder ein Online-Business am Laufen hast, wirst du in diesem Buch nur wenig Neues finden. Bevor du also am Ende enttäuscht davon bist, gib es rasch an einen lieben Menschen weiter, der es brauchen kann.

LEBEN & ARBEITEN MIT DIESEM BUCH

Nachdem wir jetzt geklärt haben, ob das Buch bei dir in den richtigen Händen ist und was du erwarten bzw. nicht erwarten kannst, kommen wir so langsam, aber sicher ans Eingemachte. Es wird nämlich höchste Zeit, ein paar Sätze darüber zu verlieren, wie du mit diesem Buch arbeitest und als was du es sehen solltest. Denn eines ist es ganz sicher nicht: eine seichte Abendlektüre, die sich gut zum Einschlafen eignet.

Aufgeteilt haben wir es übrigens in zwei verschiedene Teile:

Der erste Teil ist der fürs Herz. Hier erwarten dich unsere persönliche Geschichte und einige wichtige Schritte für deinen Weg zu einem neuen Ich. Zum Beispiel, wie wir den Mut fanden, endlich durchzustarten, warum Schulden im fünfstelligen Bereich keine Ausreden sind, wie man Ängste bekämpft, wieso du dich von negativen Menschen unbedingt lösen musst und vieles, vieles mehr.

Der zweite Teil ist dagegen eher der praktische, der dich zum einen bei den Vorbereitungen und der Planung deiner Reise an die Hand nimmt. Zum anderen zeigt er dir aber auch, wie du von unterwegs mit einem eigenen Online-Business durchstarten kannst und dein eigenes Herzensprojekt findest. Außerdem wirst du auf ein paar Checklisten stoßen, die du dir auch unter www.loveandcompass.de/love-compass-buch-checklisten/ downloaden kannst.
Love & Compass ist also definitiv ein Buch, mit dem du arbeiten kannst, das dich aber auch emotional packt und zum Reflektieren sowie Nachdenken bringt. Leg daher einen Stift und ein Notizbuch bereit, um deine Gedanken, Ideen und die wichtigsten Schritte aufzuschreiben.
Sieh es außerdem als kleinen Wegbegleiter, den du immer wieder zücken kannst, wenn dir gerade etwas unklar ist und du noch mal nachblättern musst. Wir machen das auch oft bei Büchern so, die uns viel vermittelt und am meisten weitergebracht haben.
Beim Lesen des Buches solltest du dir außerdem folgende Punkte zu Herzen nehmen, um den größten Nutzen für dich aus den einzelnen Abschnitten zu ziehen.

- Lies das Buch Schritt für Schritt durch und bitte nicht nur die Kapitel, die sich für dich gerade spannend anhören. Oft bauen die einzelnen Kapitel direkt aufeinander auf und setzen das Wissen des vorigen voraus.

- Lies lieber nicht zu viel auf einmal. Es reichen ein bis zwei Unterkapitel pro Tag. Schau dir diese dafür umso genauer an oder lies sie zweimal durch. Viele Dinge nehmen wir erst beim wiederholten Mal auf.

- Plane nach dem Lesen immer noch etwas Zeit ein, um die Texte und Infos zu verarbeiten, dir Gedanken zu machen und um dir mögliche Einfälle zu notieren.

- Um sicher zu gehen, dass du das Buch auch wirklich liest, setze dir regelmäßige Zeiten, in denen du es ungestört zur Hand nehmen kannst. Wir stellen uns zum Beispiel öfters den Wecker, um das Lesen nicht zu vergessen!

- Versuche, dich beim Lesen wirklich auf die Texte und den Inhalt zu konzentrieren. Wenn du merkst, dass du abgelenkt bist oder deine Gedanken ständig abschweifen, dann leg das Buch wieder zur Seite und probiere es später noch einmal.

- Und zu guter Letzt: Leg los! Nicht morgen. Nicht in einer Woche. Sondern jetzt! Diesen Text wird es vielleicht noch in 100 Jahren geben, aber deine Lebenszeit ist begrenzt.

1. Kapitel

Unsere Geschichte

Weißt du, was wir die letzten drei Jahre neben Arbeiten und Reisen am meisten gemacht haben? Unsere Geschichte erzählt. Immer und immer wieder. Vor allem während des Reisens lernt man so viele einzigartige, gleichgesinnte Menschen kennen, und es dauert oft nur wenige Minuten, bis man gegenseitig die bisherigen Lebensgeschichten auspackt.

So werden aus einem anfangs kurzen Gespräch oftmals mehrere Stunden, Abende dauern bis tief in die Nacht hinein und auch das ein oder andere Bier wird manchmal zu viel getrunken. ABER: Wir lieben diese Gespräche!
Nicht weil wir ständig von uns selbst erzählen wollen, sondern weil uns die Geschichten fremder Menschen immer unfassbar packen, berühren und oft auf eine emotionale Achterbahnfahrt schicken.
Bei unserer eigenen Geschichte gibt es jedoch ein klitzekleines Problem: Sie wird mittlerweile etwas zu lang. Die letzten drei bis vier Jahre ist einfach so viel passiert, dass wir locker mehrere Tage darüber quatschen könnten. So viele Erlebnisse, so viele Gänsehautmomente und so viele Veränderungen gab es in den letzten 25 Jahren davor nicht! Da wir aber nicht wollen, dass unsere Gesprächspartner verhungern, während wir sie ununterbrochen volllabern, versuchen wir unsere Story mittlerweile etwas kürzer zu fassen und beschränken uns auf bestimmte Abschnitte.
Womit wir zu einer schlechten Nachricht für dich kommen: Das passiert in diesem Buch NICHT. Wir werden dich jetzt richtig zutexten! Die gute Nachricht: Wenn du kein Bock mehr darauf hast, kannst du das Buch auch einfach zur Seite legen!

Ok, Spaß beiseite. In diesem Kapitel wirst du die spannendsten, wichtigsten und emotionalsten Abschnitte unserer eigenen Geschichte erfahren. Zum Beispiel, wie wir uns kennenlernten, warum wir echte Schulversager waren, wieso wir plötzlich unser komplettes Leben änderten oder auch warum unsere Beziehung anfangs zum Scheitern verurteilt war. Wir werden dich aber auch ganz tief mit in unsere Gefühlswelt nehmen und dir extrem persönliche Einblicke gewähren, die wir noch nie an die Öffentlichkeit gelassen haben!

DER SCHWERE START IN UNSERE LIEBE

Gleich eins vorneweg: Die Geschichte, wie wir uns kennengelernt haben, ist auch nach sechs Jahren Beziehung und drei Jahren auf Reisen immer noch eine der seltsamsten und gleichzeitig lustigsten Geschichten, die wir in petto haben.

Eine Geschichte, die ich, Sara, euch nun aus meiner Sicht erzählen muss. Marco stand an diesem Tag nämlich völlig neben der Kappe. Um genau zu sein, er hatte sich von oben bis unten vollgekotzt. So richtig! Totale Breitseite! Doch fangen wir von vorn an. An der Stelle, an der ich Samstagnachts in einen Bus voller Fußballfans stieg und keine Ahnung hatte, was mich erwartete.

Es war meine erste richtige Auswärtsfahrt, und unser Verein, der FC Augsburg, spielte auswärts in Hannover. Für mich hieß das: 600 Kilometer Autobahn, 10 Stunden Fahrt, genug Zeit zum Schlafen. Zumindest dachte ich mir das so.

Was ich allerdings nicht wusste: Mein Kumpel, der mich zur Auswärtsfahrt überredete, buchte keine Sitzplätze in einem normalen Fanbus, sondern in einem Bus voller Ultras.

Falls du nicht weißt, was Ultras sind, hier eine knackige Erklärung: Als Ultras bezeichnen sich Fußballfans, die absolut fanatisch hinter ihrem Verein stehen, jede Auswärtsfahrt mitmachen, in größeren Gruppen auftreten, Choreographien in den Stadien planen, Gesänge anstimmen und auch Pyrotechnik zünden. Also genau die Fans, die manchmal in den Medien als furchtbar toll und manchmal als furchtbar schlimm dargestellt werden.

Ich stieg also in den Bus ein und mir wurde relativ schnell klar: Das ist kein normaler Fanbus! Die ersten brüllten bereits durch die Gegend, vor dem Bus roch es brutal nach Joints und die erste Runde Schnäpse wurde auch schon ausgeteilt. Alles klar, wird wohl eher weniger mit Schlafen.

Und dann kam es, wie es kommen musste. Keine zwei Stunden nach Fahrtbeginn kotzte einer der Typen. Allerdings nicht aufs Klo oder in eine Tüte, sondern sich voll über die Hose und mitten in den Bus. Ich dachte mir nur: »Hilfe! Wo bin ich hier gelandet und was ist das denn für ein Assi?!«

Dreimal darfst du raten, wer dieser Assi war. Richtig. Mein Marco. Weißes Unterhemd, graue Jogginghose, relativ gut trainiert und stark tätowiert. Das Sinnbild eines richtigen Prolls!

Zwei unterschiedliche Gesichter – wie Tag und Nacht

Warum ich mich anschließend überhaupt mit ihm getroffen habe? Das weiß ich bis heute noch nicht so richtig. Während des ganzen Tages redeten wir nämlich kein Wort miteinander. Nicht mal, als er bei der Rückfahrt wieder halbwegs geradeaus schauen konnte.

Stattdessen fragte er ein paar Tage später meinen Kumpel nach meinem Facebook-Account und schrieb mich direkt an. Zuerst dachte ich mir: Was will der denn jetzt?! Danach wunderte ich mich: Wie hat er mich in seinem Zustand überhaupt wahrnehmen können?! Aber anscheinend hatte er das wirklich!

Außerdem blieb er extrem hartnäckig und fragte immer wieder nach einem Date. So lange, bis ich tatsächlich zustimmte! Irgendwie faszinierten mich seine zwei Seiten. Die harte, wilde Seite aus dem Bus, aber auch die liebevolle, ruhige, die er plötzlich im Chat an den Tag legte. Zwei Welten, die eigentlich gar nicht zusammenpassten. Wie Feuer und Wasser!

Mein Herz wieder öffnen? No way!

Das alles ist nun über sechs Jahre her. Von dem damaligen Marco ist mittlerweile nicht mehr viel übrig. Von der damaligen Sara aber auch nicht. Genau zu dieser Zeit war ich nämlich ein menschliches Wrack. Gebrochen von meinem Ex. Ich wurde betrogen, ausgenutzt, kleingeredet und von ihm als schlechter Mensch bezeichnet. Mein Selbstbewusstsein? Hat er mit Füßen getreten. Meine Würde als Frau hat er bespuckt und obendrein hat er sogar meine Familie bestohlen. Trotzdem war ich eine viel zu lange Zeit extrem emotional abhängig von ihm! Ich fühlte mich zu ihm hingezogen, obwohl er mich immer nur leiden ließ und ich ihn gleichzeitig für sein Verhalten verachtete.

Als ich dann mein erstes Date mit Marco hatte, war die endgültige Trennung von meinem Ex zwar bereits durch, lag allerdings erst drei Monate zurück. Die Wunden waren immer noch so tief, dass er mich ständig in meinen Träumen verfolgte, ich kaum essen konnte und an eine neue Beziehung eigentlich überhaupt nicht zu denken war.

Trotzdem ließ ich mich auf das Abenteuer »Vollassi« ein, traf mich immer öfter mit Marco und versuchte, uns eine Chance zu geben. Nur um wenige Wochen später die Beziehung wieder zu beenden. Obwohl er mich anzog und sich die neue Liebe irgendwie richtig anfühlte, schwirrte mir immer noch zu sehr mein Ex im Kopf herum.

Er blockierte mich und machte mir innerlich weiterhin Angst. Angst davor, zu vertrauen, Liebe zu geben, Verletzlichkeit zu zeigen und mein Herz auszuschütten. Ich wurde dadurch kälter als jeder Eisblock!

Kalt, kälter, Sara

Da ich Marco wieder auf dem Abstellgleis geparkt hatte, kam das zweite große Problem hinzu. Er war bereits unendlich in mich verliebt. So stark wie noch nie jemand zuvor. Und er kämpfte um mich. Wie noch nie jemand zuvor!

Ich weiß es noch, als wäre es gestern gewesen. Eine Woche nach der Trennung fuhr ich bei ihm vorbei, um DVDs zu holen (ja, damals gab es noch kein Netflix!) und um noch mal über alles zu reden. Und weißt du was? Noch nie hab ich einen Menschen so weinen sehen. Erst recht nicht wegen mir. Er weinte, als müsste er gleich sterben, und ich spürte, dass ich ihm sein Herz rausriss. Ein Gefühl, dass ich selbst gut genug kannte! Als ich an diesem Tag wieder ging, waren seine letzten Worte folgende: »Uns steht etwas ganz Großes bevor! Ich weiß es! Ich spüre es einfach!« Drei Sätze, die ich nie vergessen werde. Denn diese Sätze sind Wirklichkeit geworden.

Und dann erzählte ich ihm eines Tages, dass ich gerade mit Fieber im Bett liege. Auf die Frage, ob er denn mit Gummibärchen und Tee vorbeikommen soll, antwortete ich mal wieder ganz kühl: »Nee, nett von dir. Ich will aber lieber allein sein.« Und was machte Marco? Er kaufte Tee und Gummibären, fuhr 30 Kilometer zu mir aufs Dorf, stopfte die Dinge in den Briefkasten, fuhr wieder zurück und schrieb mir später: »Schau mal in den Briefkasten. Gute Besserung! <3« Geht's romantischer? Schwierig, oder?! Im Endeffekt sind wir auch schon einen Monat nach der Trennung wieder im Bett gelandet. Irgendwie konnte ich einfach nicht widerstehen. Für mich lief es damals allerdings nur unter dem Vorsatz »Freundschaft +«. Für Marco war es natürlich mehr! Außerdem ließ ich ihn ganz schön zappeln und versuchte, ihm durch eisige Kälte zu zeigen, dass er sich nichts Festes zu erhoffen braucht. Ein Verhalten, auf das ich im Nachhinein alles andere als stolz bin.

Das Ganze ging dann wirklich mehrere Monate so, bis Marco mit seinem Kumpel nach Ägypten zum Tauchen flog und mir zuvor einen Brief in die Hand drückte. Einen Abschiedsbrief. Und gleichzeitig ein letzter Versuch, meine harte Schale zu knacken.

Die Fassade bröckelt

5 DIN-A4-Seiten, in denen er sich komplett entblößte. In denen er alles sagte und mich an meinen wundesten Punkten traf. Allerdings nicht hart und gemein, sondern weich und behutsam. In jedem Wort spürte ich seine tiefe Liebe und seine unzähligen Tränen.

Ich las den Brief. Einmal. Zweimal. Dreimal. Tausendmal. Vor allem das Ende war der schönste und gleichzeitig schlimmste Teil für mich:

» Das ist mein letzter Versuch.
Ich habe so viel gekämpft die letzten Monate, so viel geweint. Ich kann nicht mehr. Mein Herz schmerzt und meine Augen auch. Wenn ich aus Ägypten zurückkomme und nichts von dir höre, werde ich den Kontakt abbrechen.
Ich kann dich sonst nicht vergessen, aber ich muss endlich wieder leben.«

Je öfter ich diesen Abschnitt und den Brief las, umso mehr bröckelte meine harte Fassade. Immer ein Stück mehr. Bis sie komplett zerfiel, ich fürchterlich zu weinen begann und zum ersten Mal seit langer Zeit alle Gefühle zuließ. Plötzlich spürte ich für Marco echte Liebe und Dankbarkeit. Von einer auf die andere Sekunde. Gefühle, die tief in mir schon längst da waren, die ich aber einfach nicht zulassen konnte.
Kaum war er aus dem Tauchurlaub zurück, stand ich auch schon vor seiner Wohnungstür, fiel ihm in die Arme und flüsterte ganz leise: »Ich will's noch mal versuchen. Diesmal aber wirklich. Ich liebe dich!« Und während ich gerade diese Zeilen schreibe, kullern bei mir selbst wieder die Tränen. All das hört sich vielleicht an wie aus einem kitschigen Roman. Aber all das ist wahr und echt. Das ist unsere Geschichte, wie wir uns kennengelernt haben. Der üble Beginn einer wunderschönen Zukunft.

HAMSTERRÄDER, EIN SCHMERZHAFTER WECKRUF UND DIE BESTE ENTSCHEIDUNG UNSERES LEBENS

Doch wie kam es nach unserem besonderen Kennenlernen und dem schweren Start unserer Beziehung überhaupt an den Punkt, dass wir in Deutschland alle Zelte abgebrochen haben und als ortsunabhängige Online-Unternehmer durchgestartet sind?

Auch das ist eine ziemlich einzigartige Geschichte. Eine Geschichte, wie sie nur das Leben schreiben kann und die nun ich, Marco, erzähle. Es gibt also einen fliegenden Wechsel an der Tastatur! Bevor wir aber zu der eigentlichen Story kommen, muss ich noch etwas Wichtiges loswerden. Ein Thema, zu dem wir immer wieder Fragen von unserer Community und unseren Lesern bekommen:

- »Sagt mal, was habt ihr denn studiert? Online-Marketing oder was anderes?«
- »Ihr habt doch bestimmt schon vorher irgendwas mit Webseiten oder Social Media gemacht!?«
- »Ich würde das auch so gern machen, aber ich hab ja gar keinen Plan und null Vorkenntnisse. Da hattet ihr es ja bestimmt leichter, oder?«

Nein, wir hatten es nicht leichter. Wir haben weder irgendwas studiert, noch eine Ausbildung, Weiterbildung oder Sonstiges im Online-Bereich gemacht. Ganz im Gegenteil. Wir waren genau das, was man unter Lehrern und Familien als faule Schüler bezeichnet. Sara beendete die Schulzeit mit einem mittelmäßigen Hauptschulabschluss, ich mit einer mittelmäßigen mittleren Reife. Obwohl viel mehr möglich gewesen wäre.

Von faulen Schülern zu rennenden Hamstern

Sara sagt mittlerweile sogar selbst von sich, dass sie als junges Mädchen schon immer stinkfaul war und nie lernen wollte. Bei mir ging es dagegen erst mit der Pubertät richtig los. Davor war ich sogar ein ziemlich engagierter Gymnasiast mit guten Noten. Irgendwann wurde aber Gaming viel wichtiger als Lernen, was sich auch bei den Prüfungen bemerkbar machte, und nachdem ich zuerst schon die 8. Klasse wiederholt hatte, musste ich nur wenige Monate danach auf die Realschule wechseln. Dort traten dann direkt die schlimmsten Befürchtungen meiner Eltern ein. Vom Gaming kam ich so langsam zum Trinken, Rauchen und Kiffen. Wie würde die heutige Jugend dazu sagen? »Beste Leben!« Durchschnittliche Schulabschlüsse waren die Folge und als 17-jährige Teenies blieb uns deshalb nichts anderes übrig, als dem klassischen deutschen Lebensweg zu folgen. Sara machte eine Lehre zur

Einzelhandelskauffrau, ich zum Elektroniker. Genau das, was wir wollten! Schließlich weiß man mit 17 ja schon ganz genau, was man vom Leben will – haha!
Und so arbeiteten wir Jahr für Jahr vor uns hin. Wie zwei Roboter standen wir jeden Tag aufs Neue in der Arbeit und spulten unser Programm ab. Sara ordnete Klamotten ein und plagte sich mit unfreundlichen Kunden rum, ich reparierte zuerst Fernseher, danach medizinische Geräte. Ob wir uns damals schon fragten, ob das alles gewesen sein kann? Nicht so wirklich.
Wir bildeten uns zwar weiter, um ein paar läppische Euros mehr zu bekommen, stiegen durch harte Arbeit in unseren Firmen auf und fuhren schon immer gerne weg – ich vor allem zum Fußball –, aber ein komplett anderes Leben kam uns nie in den Sinn. Wie auch? So wie wir lebten, war es ja völlig normal. Gefühlt jeder lebt so. Montag bis Freitag arbeiten. Samstag Überstunden. Sonntag irgendwie abschalten.

Und plötzlich war sie da: die totale Krise

Doch dann kam der Tag, als ich plötzlich schwer krank wurde. Mitten in der Arbeit schwollen von einer auf die andere Sekunde einige Teile meiner Haut rot an, fingen fürchterlich an zu jucken, und ich musste sofort ins Krankenhaus. Diagnose: Nesselsucht bzw. Urticaria.

Eigentlich ist es keine schlimme Krankheit. Viele Menschen bekommen sie sogar einmal in ihrem Leben für ein bis zwei Wochen. Bei einem ganz geringen Prozentsatz wird die Nesselsucht allerdings chronisch und ist so stark ausgeprägt, dass gigantisch große Teile der Körperhaut anschwellen. Stell dir vor, du hättest 100 Wespenstiche gleichzeitig, multipliziere es mit zehn und du kannst vielleicht erahnen, wie ich mich fühlte, wie ich aussah und wie es juckte.

Das ganze Theater startete übrigens im Sommer 2014 und wurde mit Abstand zur schwersten Zeit meines Lebens. Wenn ich Sara nicht an meiner Seite gehabt hätte, wüsste ich nicht, ob ich heute noch diese Zeilen für dich schreiben würde. Bei mir war die Krankheit sogar so schlimm, dass fast alles anschwoll. Gesicht, Hände, Bauch, Beine, Füße, Intimbereich, Brust, Rücken. Jedes Mal, wenn ich in den Spiegel sah, stand vor mir ein Zombie. Überall aufgedunsen und angeschwollen. Ich sah nicht mehr mich, sondern den hässlichsten Menschen der Welt.
Neben dem extremen Juckreiz war es vor allem mein Aussehen, das mich jeden Tag aufs Neue in ein schwarzes Loch warf. Ich war psychisch tot, und auch Sara musste extrem darunter leiden. Oft sah sie mich, wie ich vor Wut meine Fäuste an unserer Schlafzimmerwand blutig boxte, irgendwelche Dinge

durch die Wohnung schmiss oder einfach nur dalag und ohne Pause stundenlang weinte.
Das war aber noch lange nicht alles. Häufig schwoll nachts mein Hals so stark an, dass ich nur noch schwer Luft bekam und wegen Atemnot ins Krankenhaus musste. Dort wurde ich dann immer und immer wieder mit Kortisoninfusionen vollgepumpt und ein paar Stunden später entlassen. Auch spezielle Allergietabletten musste ich am Ende wie Smarties schlucken, um die Nesselsucht halbwegs im Zaum zu halten.

Das Ganze ging über Wochen hinweg und die klassische Schulmedizin konnte oder wollte mir nicht helfen. Die einzige Aussage der Ärzte war immer wieder: »Herr Hansel, auch wenn es hart klingt und schwer zu begreifen ist, Ihre Urticaria ist leider chronischer Natur und wird Sie wohl Ihr ganzes Leben lang begleiten. Mal stärker, mal schwächer, aber Sie müssen lernen, damit umzugehen.«
Ich verstand die Welt nicht mehr. Ärzte können Herzen transplantieren, künstliche Hüften einsetzen und Menschen wiederbeleben. Aber meine Hautkrankheit ist unheilbar? Wie kann das bitte sein?! Nach zwei Monaten war ich dann so Game Over, dass ich keine Kraft mehr hatte. Für nichts. Ich lag stundenlang da, kratzte meine Haut wund, verließ die Wohnung nur noch für Krankenhausbesuche und hatte innerlich schon abgeschlossen mit mir.

Der letzte Strohhalm

Doch dann zwang mich mein Vater dazu, mich von einem Heilpraktiker behandeln zu lassen. Anfangs wollte ich nicht. In meinem Kopf war das alles absoluter Blödsinn. Ich war bei zig Ärzten und in zig Krankenhäusern gewesen. Was sollten dann Globuli und ein paar Nadeln in der Haut schon bringen? Aber andererseits: Was blieb mir übrig? Richtig. Nichts. Außerdem war da auch noch Sara, die jeden Tag mit mir mitlitt, mit mir mitkämpfte und mir während dieser Zeit ihre ganze Liebe und Energie schenkte. Alleine wegen ihr und meinen Eltern griff ich nach dem letzten Strohhalm, suchte einen Heilpraktiker mit guten Bewertungen im Internet und landete am Ende bei Robert Bauer. Der Mensch, der mich innerhalb von einer Woche wieder zurück ins Leben katapultierte.

Hört sich völlig unmöglich an, oder? Selbst heute kann ich das manchmal immer noch nicht richtig begreifen. Aber es war genau so. Nach zwei Sitzungen stand ich wieder auf den Beinen, die täglichen Schwellungen waren um 90 Prozent zurückgegangen, der Juckreiz komplett verschwunden und ich konnte zum ersten Mal seit Monaten wieder lachen. Trotzdem war ich noch einige Wochen weiter bei Robert in Behandlung. So lange, bis wirklich gar keine Symptome mehr auftauchten.

Bist du eigentlich wirklich glücklich?

Doch was machte der gute Mann eigentlich? Er spritzte mir immer wieder homöopatische Mittel, die eigentlich ähnliche körperliche Reaktionen auslösen, in geringen Dosen aber heilend wirken. Und er akkupunktierte mich regelmäßig. Vor allem aber redeten wir unglaublich viel. Über sein Leben, über mein Leben und über die Zukunft. Als dann die letzte Sitzung gekommen war, stellte er mir zum Ende folgende Frage: »Marco, ich hab dich ja jetzt doch ein bisschen kennengelernt. Du bist ein Typ mit unglaublich viel Energie, Potenzial und Leidenschaft. Bist du sicher, dass du in deinem Job und in deinem jetzigen Leben wirklich glücklich bist?«
Noch NIE hatte mir ein eigentlich völlig fremder Mensch eine solche Frage gestellt. Eine Frage, die alles veränderte. Wirklich alles! Denn ich vertraute Robert. Er hat das geschafft, was kein Arzt der Welt geschafft hätte. Er hat mich geheilt und aus der schlimmsten Phase meines Lebens geführt. Also ließ ich seine Frage tief in mein Inneres und merkte, wie sie Tag für Tag immer mehr ihre Wirkung entfaltete. Langsam fing ich an, vieles zu hinterfragen. Meine Arbeit, meine Wünsche für die Zukunft, meine Persönlichkeit, meine Vergangenheit. Einfach mein ganzes Leben. Auf der einen Seite war es furchtbar überfordernd, weil ich dieses tiefe In-mich-Gehen nicht gewohnt war, auf der anderen Seite war es unendlich schön, weil ich anfing, mich zum ersten Mal selbst kennenzulernen.

Eine der ersten positiven Folgen davon war ein gemeinsamer Thailandurlaub, nur wenige Monate nach der Krankheit. Ich merkte durch die Nesselsucht, wie schnell sich plötzlich alles verändern kann, wie schnell das Leben zu einer Katastrophe wird und wie viel Lebenszeit wir Menschen in den Sand setzen. Aber auch, wie sehr mein Inneres danach schrie, für ein paar Wochen Abstand zu bekommen. Abstand zu unserer Heimat Augsburg, Abstand zum Fußball, Abstand zu Freunden, vor allem aber Abstand zu meiner Arbeit als Elektroniker.

Diese Reise veränderte alles

Zu diesem Zeitpunkt wusste ich allerdings noch nicht, wie unzufrieden wir beide mit unserer eigenen Situation wirklich waren. Ich setzte mich zwar mittlerweile mehr mit mir selbst auseinander, redete mir viele Dinge aber weiterhin schön. Bis wir in Thailand aufschlugen und vier der wundervollsten Wochen unseres Lebens begannen. Vier Wochen, die endgültig alles veränderten. Das fing direkt am ersten Tag an, als wir auf der Insel Koh Pha-ngan in unserem Hotel ankamen. Die Bungalows der Unterkunft waren an die Felshänge gebaut und wir hatten Blick aufs kristallklare Meer. Als wir zum ersten Mal auf unseren

Balkon gingen, fiel uns wortwörtlich die Kinnlade nach unten!
Ich stand da, sah das türkisblaue Wasser, den weißen Strand, unzählige Palmen und hielt Sara in den Armen. Plötzlich mussten wir einfach beide weinen. Vor Freude. Vor Gänsehaut. Noch nie in unserem Leben hatten wir einen solchen Moment. Unser Gehirn öffnete sämtliche Schranken und ließ allen Glückshormonen freien Lauf. Am liebsten hätten wir die ganze Welt umarmt! Im gleichen Moment fragten wir uns aber auch sofort: »Warum kann das Leben nicht öfter so sein?«
Doch der eigentliche Knackpunkt, der das Fass endgültig zum Überlaufen brachte, war ein dunkelhäutiger Amerikaner namens Will in unserem Hotel. Ein Typ, der den ganzen Tag vor dem Laptop saß. Am schönsten Ort der Welt. Nicht nur einmal fragten wir uns: »Was macht der denn da? Der ist im Urlaub und sitzt den ganzen Tag vor dem Gerät. Spinnt der?«
Dass Will nicht im Urlaub ist, sondern mit dem Laptop sein Geld verdient, wussten wir zu diesem Zeitpunkt nicht. Erst ein paar Tage später kam ich mit ihm beim Baden ins Gespräch.

»Sag mal, warum sitzt du eigentlich den ganzen Tag am Laptop?«
»Ich arbeite hier.«
»Wie, du arbeitest hier? Fürs Hotel?«
»Nee Mann, ich arbeite online. Hab ein eigenes Online-Business und brauch nur meinen Laptop und stabiles Internet.«

Dieser Satz ließ sofort meine gesamte Vorstellungskraft explodieren. Als hätte mich der Blitz getroffen. Was hat der Typ da gerade gesagt? Er arbeitet online am Laptop? An den schönsten Orten der Welt? Und verdient auch noch seine Kohle dadurch? Wie ist das möglich?! Genau in diesem Moment machte es Klick. So richtig. Der größte Schalter in meinem Kopf wurde umgelegt.
Nach dem etwas längeren Gespräch rannte ich sofort zu Sara. Ich erzählte ihr alles, was Will mir erzählt hatte. Allerdings redete sie sofort dagegen: »Ach, das ist doch nicht möglich. Wenn doch, dann macht er irgendwas Illegales. Geld nur online und mit dem Laptop verdienen ist doch totaler Quatsch! Wie sollen wir das außerdem mit unseren Jobs schaffen? Wir haben doch keine Ahnung von Webseiten.«
Du siehst, zu diesem Zeitpunkt steckten wir noch ganz tief in der typischen deutschen Denkweise fest. Alles Unbekannte, Neue und Fremde klang in unseren Köpfen erst mal falsch, böse oder unmöglich. Trotzdem ließen mich Wills Worte einfach nicht mehr los. Die ganze Reise über nicht – immer wieder musste ich darüber nachdenken. In meinem Kopf formte sich langsam, aber sicher ein großer Traum: Ich begriff zum ersten Mal, was machbar ist im Leben. Dass es viel mehr geben muss, als jeden Tag in die Fabrikhalle zu stapfen und medizinische Geräte zu reparieren. Sara spielte das ganze Thema

allerdings weiterhin runter und wollte lieber die Reise genießen, anstatt sich wirklich Gedanken darüber zu machen.

Endlich kommt auch Sara ins Boot

Bis zu dem Tag, als wir zurück in Deutschland waren, zum ersten Mal wieder der Wecker in der Früh klingelte und der typische Alltagstrott vor der Tür stand. An diesem Tag fielen wir beide in ein riesiges Loch! Wir waren keine Woche zurück in der Firma und fühlten uns, als hätten wir alles verloren. Obwohl wir gerade von der geilsten Reise unseres Lebens zurückgekommen waren! Es dauerte auch nur wenige Tage, da blinkte plötzlich während der Arbeit eine Nachricht von Sara am Handy auf:

»Boah, irgendwie fühl ich mich nur noch schlecht, seit wir zurück sind. Und du?«

»Mir geht's auch richtig scheiße. Was machen wir hier eigentlich! Können wir nicht einfach wieder zurück nach Thailand?«

Nun kam der Stein endgültig ins Rollen. Nicht nur ich war an dem Punkt, wo eine riesige Veränderung her musste, sondern Sara langsam auch. Am gleichen Tag noch setzten wir uns abends zusammen und redeten zum ersten Mal wirklich ausführlich über das Thema »ortsunabhängig leben & arbeiten«.

Wir waren uns beide ziemlich schnell einig: Wenn wir diesen Weg gehen, wollen wir irgendwas mit Reisen machen, unsere Welt besser kennenlernen und dadurch unser Geld verdienen. Keine Frage: Thailand hatte uns mit dem Reisevirus infiziert! Und zwar volle Kanne!
Also fingen wir an zu recherchieren, Möglichkeiten zu suchen und Lösungen zu finden. Zuerst kamen wir auf Ideen, wie vor Ort in Hotels anzuheuern, bei Tauchschulen zu arbeiten oder in Schulen, Kindergärten oder sonst wo mitzuhelfen. Bei all diesen Ideen merkten wir aber relativ schnell, dass das eigentlich nicht das war, was wir wollten. Es fehlte einfach die Freiheit. Die Möglichkeit, jederzeit weiterzureisen, sein eigener Chef zu sein und sich die Zeit frei einzuteilen.
Dadurch rückte das Thema online arbeiten wieder stärker in unseren Fokus. Auch wenn wir gar keinen Plan davon hatten, suchten wir auch hier nach weiteren Lösungen. Bis ich zum ersten Mal auf das Wort »Reiseblog« stieß. Schon allein der Name klang in meinen Ohren unfassbar gut. Ich las mir also alles darüber durch und wusste danach sofort: DAS IST ES! Genau das! Also Handy raus, Sara eine Nachricht schicken, abwarten. Keine zwei Stunden später vibrierte es:

»Das hört sich ja richtig geil an! Aber kann man damit wirklich Geld verdienen?«

Ja, kann man, mit viel Geduld und harter Arbeit. So viel, dass es zum Leben reicht, und wenn man sich schlau anstellt, sogar noch deutlich mehr. Das wissen wir heute. Die endgültige Entscheidung, ins kalte Wasser zu springen, trafen wir jedoch erst nach monatelangem Hin und Her.

Volles Risiko, keine Hintertürchen!

Je mehr wir uns unser Traumleben vorstellten, umso schlimmer wurde es, Tag für Tag in die Arbeit zu gehen. Irgendwann verstanden wir dann auch den Begriff »Hamsterrad« so richtig. Wir fühlten uns in unserem eigenen Leben nur noch wie Sklaven. Ohne Ziel, ohne Sinn. Hauptsache, funktionieren. Zum ersten Mal merkten wir dadurch auch, wie völlig unterfordert wir mit allem waren und lechzten nach mehr. Nach viel mehr. So durchbrachen wir ganz langsam eine Schranke, die zuvor jahrelang durch Kindergarten, Schule, Arbeit, Familie und Freunde in unseren Köpfen aufgebaut worden war. Außerdem dachte ich immer wieder an meine Hautkrankheit, an die Worte meines Heilpraktikers und auch daran, was ich Sara damals sagte, als sie Schluss gemacht hatte: »Uns steht etwas ganz Großes bevor! Ich weiß es! Ich spüre es einfach!«

Am 12. Juni 2015 war es dann endgültig so weit. Wir waren an einem Punkt angekommen, an dem es nicht mehr weiterging und wir eine Entscheidung trafen! Die Entscheidung, in Deutschland alles hinter uns zu lassen, die Wohnung aufzulösen, die Jobs zu kündigen, unser Auto zu verkaufen, jede Menge Geld zu sparen, einen Reiseblog zu starten, online für Kunden kleinere Aufgaben zu erledigen und Ende Januar 2016 auf unbestimmte Zeit loszufliegen. Wir ließen uns ganz bewusst kein Hintertürchen offen, sondern gingen volles Risiko und legten uns absichtlich einen großen Druck auf die Schultern, der uns immer wieder anspornte: »Leute, es muss klappen! In Deutschland habt ihr nichts mehr!«
Ab diesem Tag gab es dann kein Halten mehr. Zum ersten Mal in unserem Leben entfesselten wir beide unsere volle Power, unsere ganze Energie und merkten, zu was wir wirklich fähig sind. Zu was jeder Mensch da draußen fähig ist. Auch du!

Lernen & Arbeiten – endlich für uns!

Untertags stiefelten wir in unsere »normale« Arbeit, abends saßen wir dann weitere sechs bis acht Stunden bis tief in die Nacht hinein vor unseren Laptops. Jeden Tag, siebeneinhalb Monate lang. Wir gingen nicht mehr feiern am Wochenende, fuhren nicht mehr zum Fußball, sondern gaben richtig Vollgas! Wir brachten uns selbst Dinge bei, von denen wir vorher noch nie etwas gehört hatten, die wir aber für Love & Compass und auch die Kundenarbeit dringend brauchten (zur

Kundenarbeit später mehr im Buch). Wie zum Beispiel CSS, HTML, Newsletter-Marketing, Affiliate-Marketing, SEO und vieles, vieles mehr. Wie ein Staubsauger saugten wir alles in uns auf, was uns vor die Füße viel. Noch nie machten Lernen und Arbeiten so viel Bock! Wir wussten einfach, wofür wir uns so reinhängten. Nicht für einen Chef, nicht für eine große Firma, nicht für irgendjemanden, den wir nicht mögen, sondern für uns. Nur für uns! Ungelogen, in diesen siebeneinhalb Monaten lernten wir mehr als in den letzten zehn Jahren zuvor.

So ging es dann fast durchgehend bis zum Tag unseres Abflugs am 29. Januar 2016 weiter. Abgesehen von zwei bis drei Abschiedspartys mit Arbeitskollegen und Freunden, bei denen einige Tränen flossen und noch mehr Alkohol. Aber so muss das ja auch sein, oder?

Tja, und dann war der große Tag plötzlich da. Der Tag unseres Abflugs. So lange hatten wir darauf hingearbeitet und nun ging's endlich los. Nur mit Laptop, Kamera und Rucksack bewaffnet, standen wir am Münchner Flughafen, drückten unsere Besten ein letztes Mal, vergossen noch mal einige Tränen und stiegen eineinhalb Stunden später ins Flugzeug. Nicht für zwei Wochen, nicht für einen Monat, sondern solange WIR wollen. Da draußen wartet etwas auf uns. Ein komplett neues Leben ohne Grenzen! Geile Scheiße!

DREI JAHRE – 12 LÄNDER – VIEL GÄNSEHAUT!

Seit dem Tag unserer Abreise sind nun mehr als drei Jahre vergangen. Viel zu schnell, wenn du uns fragst. Als würde uns die Zeit mit Absicht davonlaufen. Aber so ist das eben, wenn man sich auf der einen Seite um sein eigenes Business kümmern muss und auf der anderen Seite viel reist. Langeweile? Haben wir nicht mehr!

Die letzten Jahre haben wir dadurch verschiedenste Länder kennengelernt: Thailand, Spanien, Frankreich, Vietnam, Indonesien, Südafrika, Japan, Malaysia, Österreich, Singapur, Kroatien, Australien und auch Deutschland ein bisschen.
Da wir äußerst langsam reisen, ist die Liste bei Weitem nicht so lang wie bei anderen Weltreisenden. Wir haben aber auch nicht den Anspruch an unser Leben, so viele Länder wie möglich abzuhaken. Ganz im Gegenteil. Uns ist es wichtig, ein Land, das uns gut gefällt, richtig kennenzulernen. Die Menschen zu verstehen, tief in die Kultur einzutauchen und am Ende sagen zu können: »Wow, das war eine unglaublich intensive und kulturell extrem packende Reise!«
Und wenn es uns irgendwo richtig gut gefällt, dann kommen wir auch super gerne in Länder zurück, die wir schon kennen. Wie zum Beispiel nach Thailand, Spanien oder eben auch Malaysia. Allein die vielen Erinnerungen, die dort wieder hochkommen, bedeuten uns manchmal mehr als ein neues, übertrieben krasses Abenteuer. Auf diese Art und Weise schlagen wir einen für uns guten Spagat zwischen noch unbekannten, aber auch vertrauten Ländern. So wird es die nächsten Jahre auf jeden Fall noch weitergehen!

Ein paar Reise-Storys im Schnelldurchlauf? Lass loslegen!

Am liebsten würden wir dir zu jedem Land ein paar einmalige und unvergessliche Storys erzählen. Auf Lager haben wir nämlich genug! Leider würde es aber den Rahmen des Buches sprengen und am eigentlichen Ziel vorbeischießen. Eins können wir dir aber sagen: Wir hatten unzählige Gänsehautmomente! Manche brachten uns zum Weinen, andere wiederum herzhaft zum Lachen und manche ließen uns einfach nur sprachlos zurück.

Ok, weißt du was? Wir haben unsere Meinung gerade geändert. Ein paar Geschichten geben wir nun doch im Schnelldurchlauf zum Besten. Sie sind einfach zu genial!
Da war zum Beispiel die japanische Dame, die uns beiden klatschnassen Touris mitten in Kyoto plötzlich ihren Regenschirm in die Hand drückte, um dann selbst ohne Schutz im strömenden Regen nach Hause zu rennen. Anfangs

rannten wir noch hinterher und wollten ihn zurückgeben, aber bei der japanischen Freundlichkeit ist Widerstand zwecklos.
Oder der Besuch der wunderschönen **Wilayah Moschee in Kuala Lumpur.** Zuerst bekamen wir von einem Mitarbeiter einfach so eine kostenlose zweistündige Führung, anschließend wurden wir im unteren Teil der Moschee von vier muslimischen Frauen an ihren Tisch gewunken, um gemeinsam mit den Händen zu essen. Dort lästerten wir dann alle ungeniert über Donald Trump und plauderten über Gott und die Welt, ehe wir anschließend ganz selbstverständlich zurück in unser Hotel gefahren wurden.
Auch geil: die **Zugfahrt in Vietnam von Hoi An nach Hue!** Uns gegenüber saßen zwei ältere Vietnamesen, die uns auf einer eineinhalb Stunden langen Zugfahrt ununterbrochen zum Biertrinken einluden. Sie verstanden kein Englisch, wir kein Vietnamesisch. Aber anstoßen und lachen ging im Sekundentakt. Am Ende stolperten wir nach jeweils drei Bier auf nüchternen Magen ziemlich beschwipst, aber glücklich aus dem Abteil.
Eines der krassesten Reiseerlebnisse war aber ohne Wenn und Aber unsere erste **Safari in Südafrika.** Ein Tag, den wir nie wieder vergessen werden und der im Minutentakt unsere Gänsehaut auf den Plan rief. Bereits nach den ersten 15 Minuten hielten wir direkt neben einem Löwenpärchen, das am Wegesrand schmuste. Keine 10 Minuten später kreuzte eine riesige Elefantenherde aus mindesten 30 Tieren direkt vor unserem Safarijeep die Straße. Danach waren wir schon so positiv bedient, dass wir unsere Freudentränen einfach nicht mehr zurückhalten konnten und mitten im Fahrzeug wie zwei kleine Kinder zu heulen anfingen. Definitiv einer der wunderbarsten Reisetage der letzten Jahre!
Und zu guter Letzt haben wir noch eine kleine Story über **einen relativ unbekannten indischen Tempel in Kuala Lumpur,** der 150-jähriges Bestehen feierte. Wir entdeckten ihn nur durch Zufall, trauten uns aber vor lauter Respekt vor den vielen Menschen und der großen Zeremonie nicht hinein. Bis uns zwei, drei Minuten später ein Inder bemerkte. Plötzlich kam er auf uns zugeschossen, rief »No problem! Come in! Come in!« und führte uns mitten in den Tempel zwischen die ganzen Gläubigen. Nach der Zeremonie kam er wieder direkt auf uns zu und brachte uns in einen Nebensaal, in dem nun ein riesiges Buffet aufgetischt wurde. Da saßen wir dann plötzlich. Zwischen festlich gekleideten Indern und mit zwei riesigen Tellern voller indischer Leckereien vor der Nase. Einfach nur Wahnsinn!

Wenn wir im Nachhinein über all diese krassen Erlebnisse nachdenken, sind es meist gar nicht die großen, berühmten Sehenswürdigkeiten, die uns völlig aus den Latschen hauten. Viel mehr die Begegnungen mit Menschen, Tieren und der Natur. Gold, Prunk und Protz haben keine Seele, die Natur hat sie jedoch und wir Lebewesen auch! Und genau diese vielen, unterschiedlichen Seelen sorgten bisher für unsere schönsten Jahre!

WIE SIEHT UNSER ALLTAG HEUTE AUS?

Alltag? Kennen wir so etwas überhaupt noch? Die Antwort ist: ja und nein! Sehr hilfreich, oder? Aber sagen wir es mal so. Das erste Jahr gab es wirklich keinen echten Alltag bei uns. Da steckten wir noch so voller Tatendrang und Energie, reisten gefühlt jede Woche an einen anderen Ort, verließen jeden Tag aufs Neue unsere Komfortzone und arbeiteten nebenbei noch an Love & Compass sowie für unsere Kunden.

Bei einem so schnellen und extremen Lebensstil noch einen richtigen Alltag schaffen? Unmöglich! Das merkten wir nach dem ersten Jahr ziemlich schnell und ziemlich heftig. Wir wurden richtig müde. Reisemüde. Arbeitsmüde. Abenteuermüde. Wir sehnten uns plötzlich nach etwas mehr Ruhe und Erdung. Deshalb führten wir damals eine neue Regel ein: In jedem Land, das wir bereisen, picken wir uns einen Ort heraus, an dem wir für rund einen Monat leben werden. Vier Wochen, in denen es nicht darum geht, Neues zu erleben, sondern viel vor unseren Laptops zu sitzen und unsere Erlebnisse zu verarbeiten.

Wir haben wieder ein Zuhause!

Fast zwei weitere Jahre ging es anschließend mit dieser neuen »Regel« um die Welt. Bis wir uns im August 2018 dazu entschieden, wieder deutlich sesshafter zu werden. Aber was heißt sesshaft bei uns denn genau? Dass wir uns zum ersten Mal seit langer Zeit wieder eine Wohnung gemietet haben! Nach fast drei Jahren ohne festen Wohnsitz merkten wir einfach, wie uns langsam, aber sicher ein echter »Heimathafen« fehlte. Egal, wo wir die letzten Jahre waren, wir mussten uns immer wieder neu einleben. Selbst wenn wir einen Ort mehrmals bereisten, wohnten wir ständig in anderen Hotels, Bungalows oder Apartments. Inklusive des einen oder anderen Fehlgriffs. Die erste Zeit fanden wir das überhaupt nicht schlimm. Alles war neu, aufregend und selbst die größten Bruchbuden feierten wir übertrieben ab.
Je zeitintensiver Love & Compass wurde, umso stärker merkten wir aber, dass wir zum Arbeiten einen Wohnraum brauchen, in dem wir uns hundertprozentig konzentrieren können und auch extrem wohlfühlen. Wir schaffen dadurch deutlich mehr und kommen schneller voran! Das ist auch der Grund, warum wir nun

wieder ein eigenes kleines Zuhause haben. Hier sperren wir nach einer intensiven Reise die Tür auf und fühlen uns sofort richtig. Unser ganz persönlicher Ort zum Ankommen, Runterfahren, Arbeiten und Leben. Ein Ort, an dem keine Überraschungen und Abenteuer auf uns warten, sondern wo alles genau so ist, wie wir es uns erschaffen haben.

Ein Stück Normalität »am Ende der Welt«

Falls du dir jetzt denkst »Das hört sich ja wieder ganz schön normal an!«, dann können wir dich beruhigen. Unsere Wohnung befindet sich nämlich nicht in Deutschland, sondern in der Hauptstadt Malaysias. Und obwohl Kuala Lumpur sehr fortschrittlich ist und eine der geilsten Skylines der Welt zu bieten hat, gibt es hier noch richtig asiatische Ecken. Das wollten und konnten wir uns einfach nicht nehmen lassen. Ein bisschen Exotik brauchen wir trotz Wohnung und echtem Zuhause immer um uns herum!

Tja, und genau hier in Kuala Lumpur haben wir uns nun wieder ein ziemlich normales Leben aufgebaut. In der Früh machen wir uns zum Beispiel einen Müsli-Shake, meditieren eine halbe Stunde und gehen dann etwas sporteln. Danach wird ca. vier Stunden konzentriert gearbeitet, ehe wir uns mittags was kochen, anschließend weiter arbeiten und abends in einem unserer Lieblingsrestaurants bestes asiatisches Essen in uns hineinschaufeln. An unserem freien Tag gönnen wir uns manchmal Dinge wie Kino, einen Ausflug in die Umgebung oder auch eine Massage. Nur halt nicht in Berlin, Köln oder Hamburg, sondern in Kuala Lumpur. Ein relativ normaler Alltag an einem nicht so normalen Ort.

Momentan einfach der ideale Mittelweg

Für uns war dieser feste Wohnsitz eine der besten Entscheidungen seit Langem. Abgesehen davon, dass wir ohnehin alle drei Monate aufgrund der Visa-Situation Malaysia verlassen müssen, freuen wir uns dadurch wieder viel mehr, für ein bis zwei Monate unterwegs zu sein und ein anderes Land kennenzulernen. Auf der anderen Seite freuen wir uns am Ende einer Reise aber auch riesig darauf, zurück nach Hause zu kommen. Für uns hat sich das als der perfekte Mittelweg herausgestellt. Zurück in den Alltag zu finden ist allerdings gar nicht so leicht! Positive Gewohnheiten wie Sport, gesundes Essen oder regelmäßige Pausen bleiben beim Reisen nämlich oftmals auf der Strecke. Wir müssen uns deshalb die ersten paar Tage nach einer Reise immer richtig reinhängen und uns gegenseitig anspornen, um unsere gesunden Strukturen aufs Neue umzusetzen. Die dadurch immer wieder nötige Selbstmotivation stärkt allerdings auch extrem die eigene Willenskraft.
Für uns stellt es so, wie es jetzt ist, auf jeden Fall den besten Weg dar, um neben unseren Reisen so produktiv wie möglich zu sein und gleichzeitig gesund zu leben. Mal schauen, wie lange es diesmal so bleibt!

WIE WIR UNSER GELD VERDIENEN

Nachdem wir dir nun einiges über unser früheres und auch jetziges Leben verraten haben, wollen wir dir jetzt etwas mehr darüber erzählen, wie es uns gelingt, als Reiseblogger von unserer Arbeit zu leben.

Legen wir direkt mit dem lieben Geld los. Seit Januar 2018 kommen sämtliche Einnahmen über unseren Reiseblog Love & Compass. Davor hatten wir noch ein zweites Standbein, indem wir als Freiberufler auch für andere Kunden gearbeitet haben. Doch dazu später mehr im Kapitel »Geld durch Kundenarbeit verdienen – zig Möglichkeiten«.
Da unsere Einnahmen durch Love & Compass aber stark gestiegen sind, können wir inzwischen ganz gut davon leben. Wir sind zwar noch keine Großverdiener, aber das Gehalt unserer früheren Jobs haben wir mittlerweile hinter uns gelassen.

Unsere drei Einnahmequellen

- Affiliate-Marketing
- Eigene Reiseführer bzw. eigene Produkte
- Kooperationen mit anderen Unternehmen.

Falls du nicht weißt, was **Affiliate-Marketing** ist, hier eine ganz kurze Erklärung: Beim Affiliate-Marketing empfehlen wir Produkte, Hotels, Touren und bestimmte Services auf unserem Blog weiter, die wir selbst getestet und für gut empfunden haben. Dafür bekommen wir bei einem Kauf oder einer Buchung über unsere Webseite eine kleine Provision ausgezahlt. Deutlich ausführlicher erklären wir dir das Thema Affiliate-Marketing übrigens noch im Unterkapitel »Möglichkeiten, mit deinem Herzensprojekt Geld zu verdienen« (ab Seite 156).

Der zweite wichtige Punkt sind unsere beiden **Reiseführer,** die wir geschrieben haben und über Love & Compass verkaufen. Nr. 1 dreht sich um die Insel Nusa Penida in Indonesien und Nr. 2 um Andalusien in Spanien. Vor allem der Andalusien-Reiseführer war ein richtiger Volltreffer und verkauft sich wie geschnitten Brot. Er macht mittlerweile sogar um die 35 Prozent unserer Einnahmen aus! Aber auch der kleinere »Nusa Penida«-Guide spült durchaus den ein oder anderen Euro in unsere Kasse. Zwar bei Weitem nicht so viel wie das Andalusienbuch, allerdings ist Nusa Penida

auch eine ziemlich kleine Insel in Indonesien mit viel weniger Tourismus.

Doch es soll nicht nur bei diesen Büchern bleiben. Im Endeffekt hältst du ja bereits das dritte in deinen Händen. An dieser Stelle noch mal ein riesiges Danke an dich. Mit dem Kauf gibst du nicht nur dir selbst die Chance, dein Leben zu verändern, sondern auch uns die Möglichkeit, weiter an Love & Compass zu arbeiten und es noch größer, noch ausführlicher und noch hilfreicher zu machen. Außerdem werden wir in Zukunft

eigene Produkte viel stärker in den Fokus rücken. Nicht nur Reiseführer oder Bücher, sondern auch andere Dinge. Aber lass dich da einfach mal überraschen. Zu viel können wir noch nicht verraten.
Der dritte und letzte Punkt sind die guten, alten **Kooperationen.** Also die Zusammenarbeit mit anderen Firmen. Meist geht es bei einer Kooperation darum, unseren Lesern ein Produkt, ein Hotel, einen speziellen Service, eine Stadt oder manchmal sogar ein ganzes Land vorzustellen, wofür wir anschließend bezahlt werden. Auch darüber erhältst du ausführliche Infos im Kapitel »Möglichkeiten, mit deinem Herzensprojekt Geld zu verdienen«.

Immer Urlaub und daneben »easy« arbeiten? Na ja, fast ...

Da das Reisen genauso Teil unseres Jobs ist, haben wir zwei komplett unterschiedliche Arten von Arbeitssituationen und -umgebungen.
Auf der einen Seite, die »typischen« Arbeitstage, an denen wir mindestens acht bis zwölf Stunden in unserer Wohnung vor den Laptops sitzen, hilfreiche Blogbeiträge über unsere Reisen schreiben, an unseren Produkten arbeiten, Videos schneiden, Bilder bearbeiten, Newsletter verschicken, Nachrichten beantworten, organisatorische Dinge erledigen und vieles, vieles mehr.
Auf der anderen Seite die sehr intensiven Reisetage, auf die wir jetzt etwas genauer eingehen möchten, da sich immer noch viele das Leben eines Reisebloggers als schwerelos und super easy vorstellen. Bisschen reisen hier, bisschen schreiben da und der Erfolg kommt von ganz allein. Nein, kommt er leider nicht. Es gibt genug Reiseblogger, die genau mit dieser Einstellung gestartet und nur kurze Zeit später wieder von der Bildfläche verschwunden sind. Es geht halt nicht nur um ein bisschen reisen und schreiben, sondern um so vieles mehr.

Vom Planen, Dokumentieren und Texten

Damit du das besser nachvollziehen kannst, erklären wir dir einfach mal, wie eine Reise bei uns abläuft. Los geht's eigentlich schon mehrere Wochen im Voraus mit der Planung. Hier unterscheiden wir uns noch kaum von anderen Reisenden. Wir schauen, was es vor Ort zu erleben gibt, auf was wir Lust haben, auf was wir keinen Bock haben und was sich für uns innerlich einfach gut anfühlt. Danach planen wir dann eine grobe Route, die unserem Reisestil entspricht, die sich vor Ort aber auch immer wieder ändern kann. Vor allem wenn das Wetter scheiße ist oder wir Geheimtipps von Einheimischen bekommen.

So richtig anders wird es dann erst, wenn wir im jeweiligen Land auf Sightseeing-Tour sind oder ein größeres Abenteuer auf uns wartet. An diesen Tagen haben wir dann so gut wie immer einen genauen Plan mit mehreren Highlights, die wir unbedingt sehen und in unseren Blog aufnehmen wollen. Währenddessen machen wir dann von allen wichtigen Dingen Videos und Fotos. Sehenswürdigkeiten, öffentliche Verkehrsmittel, Restaurants, Cafés, Essen, Parks und vieles mehr. Einfach von allem, was für unsere Leser nützlich und interessant sein könnte. Nebenbei dokumentieren wir durch weitere Fotos auch wichtige Infos wie Öffnungszeiten, Preise, Fahrzeiten, Restaurantnamen, Haltestellen und weitere allgemeine Reisetipps, die für die Blogbeiträge essenziell sind.

Außerdem schießen wir noch gesonderte Bilder für unsere Social-Media-Posts in Facebook oder Instagram und veröffentlichen von unterwegs regelmäßig kurze Videos in unseren Instagram-Storys, um unsere Follower live mitnehmen zu können. So ein Sightseeing-Tag dauert dann locker mal acht bis zwölf Stunden, ehe es abends im Hotel direkt weitergeht.

Nun wird der Laptop aufgeklappt und wir schreiben das Erlebte, solange es in unseren Köpfen noch frisch ist, direkt in übersichtlichen Stichpunkten zusammen. Wenn wir erst nach der Reise damit anfangen würden, hätten wir vieles schon wieder vergessen.

Im Anschluss geht's direkt weiter mit unseren Social-Media-Posts, die ebenfalls am Abend geschrieben werden und für die wir die geschossenen Bilder noch etwas bearbeiten. Hinzu kommen auch während des Reisens unzählige E-Mails, Kommentare und Nachrichten, die wir nicht nur beantworten müssen, sondern auch wollen. Oft dauert so ein Reisetag dann bis spät abends oder nachts, ehe wir am nächsten Morgen um sieben in der Früh wieder auf der Matte stehen.

Du siehst also, wir haben auch während der Reisezeit jede Menge zu tun, und das oft verkaufte traumhafte Leben mit Laptop und Kokosnuss am Strand ist reine Illusion. Zumindest, wenn man mit einem Reiseblog richtig durchstarten will. Vor allem während des Reisens kann es über mehrere Wochen hinweg ganz schön anstrengend sein. Ohne Leidenschaft, Herz und ganz viel Liebe dafür könnten wir die benötigte Energie niemals aufbringen!

»KOKOSNUSS UND ZUNGENKUSS« – UNSER LEBENSZIEL & MOTTO

Vielleicht fragst du dich jetzt, was wir mit unserer Arbeit bezwecken. Hilft es unserem Planeten, wenn wir durch Love & Compass noch mehr Menschen zum Reisen animieren? Wenn wir noch mehr Leuten zeigen, wie einfach und teilweise günstig es mittlerweile geworden ist, die Welt zu entdecken?

Um ehrlich zu sein, als Reiseblogger sitzen wir da extrem zwischen den Stühlen. Oft tragen wir einen inneren Kampf mit uns aus und haben uns schon öfter gefragt: »Sag mal, ist das, was wir machen, wirklich gut? Verändern wir die Welt damit ein kleines Stück weit in eine bessere Richtung?«
Mittlerweile hat Love & Compass nämlich eine so große Reichweite, dass wir durch unsere Posts, Videos und Blogbeiträge etwas verändern können. Sowohl negativ als auch positiv. Dessen sind wir uns vollkommen bewusst. Umso wichtiger ist es uns in den letzten Monaten geworden, die möglichen Folgen jeder Handlung, egal ob auf unserem Blog oder in Social Media, genau zu überdenken. Wie berichten wir über einen Ort oder ein Land, ohne ihm zu schaden? Wie können wir den Tourismus fördern, ohne dabei Werte wie Nachhaltigkeit sowie respektvolles und bewusstes Reisen aus den Augen zu verlieren?

Liebe und Offenheit leben

Bei einem sind wir uns bestimmt einig: Das Reisen verändert die Menschen. Fast immer in eine unglaublich positive, aufgeschlossene, liebevolle Richtung. Und genau das ist es doch, was unsere Welt heutzutage am dringendsten braucht: Liebe und Offenheit.
Auch uns beide verändert jede Reise, indem sie uns ein kleines Stück mehr innerlich reifen lässt. Unser Motto »Kokosnuss und Zungenkuss« ist deshalb nicht nur ein Spruch, der cool klingen soll und einprägend ist. Stattdessen steht er für unser Leben! Die Kokosnuss für das Reisen und somit die Offenheit, der Zungenkuss für die Liebe.
Unser Ziel ist es, all das durch unsere Arbeit weiterzugeben, möglichst vielen Menschen bei ihren Reisen unter die Arme zu greifen und gleichzeitig Verständnis für alles Fremde zu wecken. Wir wollen zeigen, wie schön die Welt ist. Deutlich machen, dass man keine Angst

vor dem Unbekannten haben muss. Dass es egal ist, welcher Religion man angehört, welche Hautfarbe ein Mensch hat oder wie »verrufen« manche Länder in unserer westlichen Gesellschaft sind. Und wie geht das besser als durch das Reisen, das Selber-Erleben?

Was uns Liebe bedeutet

Erst dadurch haben wir so richtig gelernt, was Liebe eigentlich heißt. Es bedeutet nicht nur ein inniges Verhältnis zwischen langjährigen Freunden, Familienmitgliedern oder zwei Menschen, sondern eine tiefe Verbindung unserer Welt gegenüber. Jeder Mensch, jedes Tier, jede Pflanze hat unsere Liebe verdient. Und alles, was wir aus vollem Herzen davon weitergeben, hilft, die Welt zu heilen.

Bei uns hat sich das in den letzten Jahren übrigens ganz konkret auf einige alte Angewohnheiten ausgewirkt. Wir vermeiden mittlerweile so viel Einwegplastik wie nur möglich, wir nutzen immer öfter Zug, Bus und Auto anstatt das Flugzeug, wir haben aufgehört, Tiere zu essen, auch tierische Produkte wie Milch, Käse etc. kommen nur noch zwei- bis dreimal pro Jahr auf den Teller, wir legen

immer mehr Wert auf fair produzierte Kleidung und haben unser Konsumverhalten auf ein Minimum reduziert.

Jeder tut, was er kann!

Ob wir darauf jetzt stolz sind? Nein. Ob wir nun denken, wir können dir oder jemand anderem sagen, wie man die Welt rettet? Nein, bloß nicht! Vor uns liegt selbst noch ein langer Weg, und wir sind keine Heiligen. Manchmal ganz im Gegenteil! Außerdem gibt es für uns nichts Nervigeres als Menschen, die aggressive Ansagen zum Besten geben, warum genau ihre Lebenseinstellung unsere Erde retten wird.

Viel wichtiger ist es doch, dass wir alle unseren Teil dazu beitragen. Egal, in welcher Richtung und wie häufig. Selbst wenn man zum Beispiel nur eine Plastiktüte pro Woche weniger verbraucht, ist damit schon ein bisschen geholfen. Viele kleine Stücke ergeben am Ende auch ein großes Ganzes! Und wenn wir dich dazu inspirieren können, die wahre Schönheit unserer Welt kennenzulernen und ihr dadurch mehr Liebe zu schenken, dann haben wir unser Ziel erreicht!

2. Kapitel

Wichtige persönliche Schritte für ein neues Leben

Jetzt kennst du sie. Unsere Geschichte. Wir haben in den letzten Jahren nicht nur viel gesehen, viel gearbeitet und viel erlebt, sondern sind durch all das extrem gewachsen. Jede Hürde, die wir überwinden mussten, hat uns ein Stück stärker gemacht, jede Entscheidung, die wir trafen, ein Stück reifer werden lassen. Wir lernten, Ängste abzuschütteln, Ausreden aus dem Weg zu räumen, und trafen dann diese eine Entscheidung, die alles veränderte.

Und genau darum wird es nun im zweiten Kapitel gehen. Um Ängste, um den Wunsch nach Sicherheit, um Geld, Schulden und vieles mehr. Um all die Ketten, die auch uns immer wieder festhielten. Ketten, die du sprengen kannst! Es ist zwar nicht leicht, sobald du es aber geschafft hast, geht's erst so richtig los. Dann wird es fast unmöglich sein, dich auf deinem Weg zu einem neuen, einzigartigen Leben aufzuhalten.

Doch wie sprengt man diese Ketten überhaupt? Auch das haben wir in diesem Kapitel aufs Papier gebracht. Du erfährst, wie wir selbst all die Ausreden und Zweifel hinter uns ließen, eine endgültige Entscheidung trafen, sie unseren Liebsten mitteilten und danach so richtig Vollgas gaben!

Ein weiteres Thema wird der Umgang mit negativen Menschen sein, der Verlust von Freunden und das Kennenlernen neuer Weggefährten, die den gleichen Traum teilen. Auch das lag uns extrem am Herzen!

Auf den nächsten Seiten erwartet dich also eine Mischung aus Motivation, persönlichen Erfahrungen vor und nach der

Entscheidung sowie handfesten Tipps für deinen eigenen Weg. Dabei versprechen wir dir, ehrlich zu sein und nichts zu beschönigen! Auf die kleinen und großen Hürden, die wahrscheinlich auf deinem Weg auftauchen werden, solltest du nämlich gut vorbereitet sein.

MUT FINDEN UND ÄNGSTE VERLIEREN

Niemand hat gerne Angst! Völlig verständlich, immerhin verbinden wir damit äußerst negative, teils lähmende Gefühle, die wir oft im ganzen Körper spüren. Was machen die meisten also bei zu großer Angst? Sie ziehen sich vor der Gefahr zurück, indem sie aufgeben oder anderen den Vortritt lassen.

Doch sind Ängste gleich Ängste? Auf gar keinen Fall! Die eigenen Ängste lassen sich vielmehr in zwei verschiedene Arten unterteilen:

- Die greifbaren Ängste bei einer realen Gefahr. Zum Beispiel die Angst, während man ausgeraubt oder mit einer Waffe bedroht wird, die Angst um einen geliebten Menschen, der schwer krank ist, oder auch die Angst davor, nach einer schweren Verletzung dauerhafte Schäden davonzutragen.
- Die nicht greifbaren Ängste, die wir uns nur in unseren eigenen Köpfen zurechtspinnen, die keine echte Grundlage haben und die uns bereits in die Wiege gelegt wurden. Zum Beispiel die Angst davor zu versagen, die Angst vor dem Unbekannten, die Angst vor Verantwortung, die Angst vor Ablehnung, die klassische Existenzangst und viele weitere.

An selbst »gemachten« Ängsten lässt sich arbeiten

Das Gute an allen Ängsten, die durch eigene Gedanken geformt werden, ist: Du kannst daran arbeiten und viele davon ins Positive umwandeln. Indem du die Angst nicht als etwas Unüberwindliches, Lähmendes siehst, sondern als Motivator, der dich anspornt. Wie ein guter Chef im Geiste, der statt: »Das schaffst du nicht...«, zu dir sagt: »Ich hab Vertrauen in dich! Das wird dich jetzt zwar Überwindung kosten, aber wenn du es dennoch durchziehst, wirst du dein ganzes Leben lang davon profitieren!«
Genau so sind wir mit unseren inneren Ängsten umgegangen. Und weißt du was? Mit der Zeit sind daraus echte Mutmacher geworden!

Was soll denn schon passieren?

Sehr geholfen hat uns, dass wir uns immer die schlimmstmögliche Folge ausgemalt haben, falls das Befürchtete tatsächlich Realität werden würde. Nur um dadurch festzustellen: »Hoppla, ganz

so schlimm wäre das Schlimmste ja gar nicht!« Wir Menschen sind leider Könige darin, eine kleine Angst in Windeseile auf ungeahnte Größe aufzublähen. Leider OHNE uns die dafür verantwortlichen Gedanken genauer anzusehen. Wären wir dazu bereit, würden wir sehr oft feststellen, dass eine Vielzahl unserer Ängste komplett unbegründet und mögliche Folgen nur halb so schlimm sind.

Wir werden deshalb jetzt drei der bekanntesten Ängste, die bei angehenden digitalen Nomaden weit verbreitet sind, in ihre Einzelteile zerlegen und dir zeigen, wie wir selbst damit umgegangen sind.

1. Die Angst, zu versagen: Was ist, wenn wir versagen? Wenn wir es nicht schaffen, online Geld zu verdienen, und wieder zurück nach Hause müssen? Shit, dann sind wir das Gespött so vieler Leute und dürfen uns ständig irgendwelche blöden Sprüche anhören!

Weißt du, wie oft wir das vor und auch anfangs während unserer Reise dachten? Tausende Male! Irgendwann ging uns die Angst aber so auf die Nerven, dass wir uns die Zeit nahmen, uns wirklich damit auseinanderzusetzen. Warum kommen diese dummen Gedanken überhaupt? Gibt es einen guten Grund dafür? Die

Antwort: Nein, gibt es nicht! Echt nicht. Wir arbeiten schließlich jeden Tag Vollzeit an den Laptops und hängen uns mit aller Kraft rein, damit wir nicht zurückfliegen müssen. Das hier ist unser eigener Traum und wir werden alles dafür tun, dass wir ihn weiterleben können.

Aber was ist, wenn's am Ende trotz aller Bemühungen und Leidenschaft aus irgendwelchen Gründen doch nicht klappen sollte? Dann ist das halt so. Wir fliegen zurück und sind eben das Gespött mancher Idioten. Na und? Mit solchen Menschen können wir eh nichts mehr in unserem Leben anfangen. Haben wir dadurch wirklich versagt? Ganz im Gegenteil! Wir haben dadurch gewonnen. Sehr viel sogar! Neue Erfahrungen, einzigartige Erlebnisse, tolle Menschen, jede Menge Wissen, unvergessliche Erinnerungen und so viel mehr. Alles Dinge, die unser Leben nachhaltig prägen werden, die uns niemand mehr nehmen kann und die uns wiederum Mut machen, irgendwann einen neuen Versuch zu wagen. Immerhin waren wir diejenigen, die sich getraut haben, das Leben in die eigene Hand zu nehmen, und nicht diejenigen, die sich lieber zu Hause auf der Couch das Maul zerreißen.

2. Existenzängste: Sicher die häufigste Angst, wenn man einen ähnlichen Lebensstil wählt. Existenzängste belasten zwar fast alle Menschen, Leute wie uns trifft es aber oft noch etwas mehr. Immerhin haben wir ja keine typische »Existenz« mehr. Zumindest nicht auf dem Papier. Keine Wohnung, kein Haus, kein Auto, keinen festen Job, keine Möbel, kaum Besitz und manchmal auch keinen gemeldeten Wohnsitz. Folgende Frage schoss uns deshalb immer wieder durch den Kopf: Was passiert, wenn wir scheitern? Und unsere Gedanken waren anfangs immer wieder die gleichen: Dann kommen wir zurück und stehen vor dem Nichts! Wir können nirgendwo schlafen, wir verdienen kein Geld und mit unserer Lücke im Lebenslauf will uns sowieso kein Unternehmen mehr. Ach du scheiße, wir sind völlig aufgeschmissen!

Doch sind wir das wirklich? Nein. Totaler Quatsch. Irgendwo hat immer jemand einen Platz in seiner Wohnung frei. Selbst wenn am Ende die Couch oder das alte Kinderzimmer bei unseren Eltern für ein paar Tage herhalten müsste. Außerdem ist es aktuell nirgendwo leichter, Arbeit zu finden als in Deutschland. Vor allem, wenn du eine abgeschlossene Lehre, ein fertiges Studium oder andere Qualifikationen nachweisen kannst. Und selbst wenn es vorübergehend nur der Job bei einer Leiharbeitsfirma ist, du wirst ganz sicher schnell eine Einkommensquelle finden.

Und was ist mit der Lücke im Lebenslauf?

Die wird heutzutage bei vielen Firmen sogar sehr gerne gesehen! Zumindest, wenn du sie für das Reisen und nicht für ein paar Tage hinter Gittern genutzt hast. Die Lücke zeigt, dass Menschen wie du und wir bereit für mehr sind, dass wir den Mut haben, einen Schritt weiterzugehen, und dass wir Erfahrungen vorweisen können, die uns von den meisten anderen unterscheiden.

Du siehst also, es ist alles nur halb so schlimm, falls du zurückkommen solltest. Es gibt zwar immer ein paar Hürden, diese sind aber viel kleiner als anfangs gedacht!

Wir haben jedenfalls festgestellt: Je mehr wir gemeinsam daran arbeiteten, unserer

Existenzangst ins Gesicht zu sehen, umso leichter wurde es, mit ihr umzugehen. Unsere Angst verwandelte sich in Motivation, sodass wir ein Durchhaltevermögen und eine Energie entwickelten, die wir niemals für möglich gehalten hätten!

3. Angst vor Ablehnung: Auch die Angst vor Ablehnung hat uns eine Zeit lang schwer beschäftigt. Vor allem der Gedanke daran, dass unsere Familien nicht hinter uns stehen und wir uns richtig verkrachen könnten, machte uns verrückt. Oder dass wir vielleicht unsere besten Freunde verlieren, weil sie mit unserem neuen Lebensstil nicht einverstanden sind! Und was dann? Dann wären wir ganz allein!

Irgendwann stellten wir uns aber folgende Frage: Wie hoch ist die Wahrscheinlichkeit, dass all das passiert und wir am Ende niemanden mehr haben außer uns? Sie ist gleich null. Selbst wenn wir uns mit unseren Familien zerstreiten sollten, würden wir uns auch wieder vertragen. Egal, ob in ein paar Tagen oder in ein paar Monaten. Irgendwann würde es ein klärendes Gespräch geben. Es handelt sich schließlich um die eigene Familie und in den allermeisten Fällen ist Blut immer noch dicker als Wasser.

Und wie sieht es mit Freunden aus? Ganz ähnlich. Dass uns alle guten Freunde den Rücken zukehren, weil sie unseren Lebenstraum kategorisch ablehnen? Äußerst unwahrscheinlich! Klar, heute müssen wir rückblickend sagen, dass einige langjährige, intensive Freundschaften nicht mehr das sind, was sie früher mal waren. Ein paar wenige sind sogar ganz weggebrochen. Das ist aber auch völlig okay, wenn man sich nur noch zwei- bis dreimal pro Jahr sieht und komplett andere Wege verfolgt.

Dafür sind manche Freundschaften sogar noch viel schöner und erfüllender geworden. Zum einen, weil diese Freunde bedingungslos akzeptieren, was wir machen, oder unseren Mut bewundern und mittlerweile sogar ähnliche Ziele verfolgen. Zum anderen, weil man die gemeinsame Zeit viel mehr schätzt und genießt.

Ist es außerdem wirklich schlimm, wenn eine freundschaftliche Verbindung zu Ende geht? Im ersten Moment ja, auf lange Sicht gesehen nein. Es ist doch völlig normal und Teil des Lebens, dass Menschen kommen und gehen. Manche bleiben für immer, manche länger und manche nur kurz. Das war auch schon vor unserer Entscheidung so. Die schönen Erinnerungen an jede Freundschaft werden wir trotzdem immer in unseren Herzen behalten. Egal, auf welche Art und Weise sie zu Ende geht.

Aber das Wichtigste: Alle Weggefährten, die deinen Pfad verlassen, machen Platz für neue Menschen, die zu dir und deinem Lebensstil besser passen. Und weißt du was? Das ist gut so!

WARUM AUSREDEN WIE SICHERHEIT, GELD, SCHULDEN UND FAMILIE NICHT GELTEN

Wir alle lieben Ausreden! Wenn wir etwas gut können, dann ist es, Gründe zu finden, um etwas Ungewohntes und Herausforderndes nicht machen zu müssen. Dadurch wird das Leben doch um so vieles leichter! Oder etwa nicht? Nein, eigentlich gar nicht!

Jede Ausrede erspart dir zwar für den Moment Arbeit oder Ärger, schiebt aber die Dinge, mit denen du dich dringend auseinandersetzen müsstest, einfach nur auf. Bis zu dem Tag, an dem das Kartenhaus plötzlich zusammenfällt. Dann meist mit voller Härte. Bei manchen passiert das früher, bei manchen später, aber irgendwann kommt es. Marcos Hautkrankheit war das beste Beispiel dafür.

Ausreden haben ihren Ursprung fast immer in den bereits angesprochenen Ängsten, die das Ego kleinhalten. Doch wer will schon zugeben, dass er vor etwas Angst hat? Da zaubern wir viel lieber ein paar Ausreden aus dem Hut, die sich sowohl für uns selbst als auch für andere völlig plausibel anhören.

Uns ging es genauso! Selbst nach unserer ersten Thailandreise schoben wir immer noch Ausreden vor uns her. Ausreden, die uns daran hinderten, endlich loszulegen. Wir wussten bereits tief in uns drin, dass wir diese Lebensveränderung dringend brauchten, redeten sie uns aber weiterhin madig.

Und genau auf diese Ausreden gehen wir jetzt etwas genauer ein. Vielleicht hast du ja selbst schon mit ihnen Bekanntschaft gemacht und wir können dir nun etwas aus der Seele sprechen?!

Ausrede 1: Sicherheit

»Wir haben doch einen festen, sicheren Job und das Gehalt ist auch ganz ok! So etwas darf man doch nicht aufgeben!«

Wohl die Standardausrede. Haben wir uns selbst auch immer wieder eingeredet und von Familien, Arbeitskollegen und Freunden Hunderte Male zu hören bekommen. Doch was ist echte SICHERHEIT und gibt es sie überhaupt? Eigentlich nicht. So hart es klingt: Das einzig Sichere im Leben ist der Tod. Die Frage ist allerdings: Was machen wir mit der Zeit, bis es so weit ist?

Wollen wir unser ganzes Leben lang einen Job erledigen, der wenig Spaß macht? Wollen wir bis zur Rente warten, um uns dann endlich unsere Träume zu erfüllen? Können wir sie mit 70 überhaupt noch realisieren? Ist das Gehalt wirklich so gut, dass wir dafür unsere Abenteuerlust unterdrücken und unser Glück ganz hinten anstellen? Wollen wir irgendwann auf dem Sterbebett liegen und sagen: »Hätte ich es damals bloß gemacht«?

Oder wollen wir stattdessen um die Welt reisen und uns dadurch weiterentwickeln? Wollen wir einen Job finden, den wir lieben, der irgendwann mehr Geld bringt als unsere Festanstellung und der uns wirklich zufriedenstellt? Bedeutet echte Sicherheit vielleicht sogar, mutig zu sein, um am Ende sagen zu können: »Meine einzige Sicherheit im Leben war, das Beste herausgeholt zu haben!«?

Die erste Reihe von Fragen konnten wir selbst mit »Nein« beantworten, die zweite alle mit »Ja.« Wie ist es bei dir?

Ach ja, noch etwas: Wer zur Hölle behauptet eigentlich immer wieder, dass eine Festanstellung so unfassbar sicher ist? Es gibt genug bekannte große Unternehmen, die die letzten Jahre Pleite gegangen sind! Air Berlin, Beate Uhse oder auch Schlecker. Nur um mal ein paar deutsche Beispiele zu nennen. Die so viel beschworene deutsche Sicherheit ist unserer Meinung nach eine Illusion, die uns von klein auf eingetrichtert wird.

Ausrede 2: Geld

»Und wie sollen wir das bitte schön mit dem Geld hinbekommen? Wir brauchen zu zweit bestimmt 20.000 €, um vorerst abgesichert zu sein!«

20.000 €, die wir uns schließlich tatsächlich angespart hatten, bevor es endgültig losging. Alles ist möglich! Erst recht, wenn man sich zusammensetzt und die eigenen Ausgaben ordentlich auseinandernimmt. Plötzlich merkten wir: »Hoppla, bis jetzt geben wir ganz schön viel Geld für Dinge aus, die wir eigentlich gar nicht unbedingt brauchen!« Wie zum Beispiel neue Kleidung, Partys und Alkohol, DVDs, Benzin, Autoversicherung, Restaurant- und Stadionbesuche sowie vieles mehr.

Also setzten wir andere Prioritäten und schafften es dadurch, pro Person jeden Monat ca. 600 € auf die Seite zu legen. Also 1200 € zusammen! Das war ein Betrag, den wir niemals für möglich gehalten hätten. Aber allein das frühzeitige Abmelden des Autos brachte uns einige hundert Euro mehr pro Monat. Wir stiegen stattdessen auf den Drahtesel und manchmal auch auf den Bus um. Hinzu kamen am Ende der Verkauf sämtlicher Möbel, der Verkauf des Autos und bereits erspartes Geld. Außerdem baten wir alle Freunde und unsere Familie darum, uns zur Abschiedsparty nur Kohle zu schenken. Dadurch flossen auch noch mal einige hundert Euro auf das immer praller gefüllte Reisekonto!
Meistens geht es viel leichter, Geld auf die Seite zu legen, als man im ersten Moment denkt.

Zum Thema Geldsparen verraten wir dir übrigens ab Seite 103 noch jede Menge hilfreiche Tipps!

Ausrede 3: Schulden

»Scheiße, unsere Schulden kommen ja auch noch dazu! Das endet ja niemals!«

Jap, wir hatten vor unserer Lebensveränderung Schulden. Nicht nur ein paar hundert Euro, sondern richtig viel. Um genau zu sein, waren es 11.000 €. Woher diese Summe kam? Hier meine (Saras) Kurzfassung: Mein lieber Ex-Freund, über den du ja schon im ersten Kapitel lesen konntest, wollte während unserer Beziehung unbedingt ein neues Auto. Da er arbeitslos war, brauchte er eine Bürgin, und ich unterschieb völlig naiv den entsprechenden Vertrag. Leider fuhr er das Auto zu Schrott, zahlte danach die Raten nicht mehr, schwor vor Gericht, dass er zahlungsunfähig sei, und das zerstörte Auto wurde einkassiert. Anschließend forderte die Bank, die den Kredit für das Auto zur Verfügung gestellt hatte, von mir als Bürgin die Kohle ein. Volltreffer!
Von den 20.000 € an Ersparnissen gehörten also nur 9000 € wirklich uns. Trotzdem ließen wir uns am Ende auch davon nicht abhalten. Unsere Lösung: Wir zahlten anfangs ganz normal die Raten plus Zinsen ab. Versprachen uns aber gegenseitig, den restlichen Betrag auf einmal zu überweisen, sobald wir monatlich genug Geld verdienen, und dadurch, das Ersparte nicht angreifen zu müssen. 11.0000 € Schulden sind zwar echt scheiße, im Endeffekt war aber auch das ein riesiger Ansporn, noch mehr Gas zu geben und uns richtig reinzuhängen. Das Ergebnis: Bereits nach dem ersten halben Jahr hatten wir die komplette Summe bezahlt!

Ausrede 4: Familie

»Dann sehe ich meine Mama, meine Geschwister und meine Neffen ja kaum noch! Wie soll ich das bitte aushalten?«

Dieser Satz stammt von mir (Sara)! Denn im Gegensatz zu Marco habe ich eine richtig große Verwandtschaft und bin ein totaler Familienmensch. Die Vorstellung war deshalb für mich völlig unmöglich. Sich mal ein paar Wochen nicht sehen? Okay. Aber wirklich dauerhaft? No way! Immerhin habe ich vier süße kleine Neffen, meine wunderbare Mama, meinen Papa und noch drei tolle Geschwister. Von den Tanten, Onkeln, Opas und Omas will ich gar nicht erst reden!
Gewagt habe ich es am Ende trotzdem. Warum? Weil ich wusste, dass ich jederzeit zurückfliegen kann, wenn ich meine Familie zu sehr vermisse. Wir wären dadurch zwar ein paar hundert Euro ärmer, aber hey, das sollte es einem in diesem Moment schon wert sein! Mittlerweile finde ich es sogar gut, dass wir uns nur noch selten sehen! Seitdem freuen wir uns alle viel mehr auf die Treffen und erleben eine deutlich intensivere Zeit miteinander. Durch unseren neuen Lebensstil haben wir uns gemeinsam

wieder viel mehr schätzen gelernt. Früher war ein Treffen dagegen völlig normal und fast schon Gewohnheit. Etwas, das Familie aber nie sein sollte!

Außerdem gibt's heutzutage auch einige Programme zur Videotelefonie wie Skype oder Facetime. Immer, wenn wir unsere Liebsten zu sehr vermissen, schmeißen wir einfach die Kamera unserer Laptops an und verabreden uns für ein digitales Treffen. Klar, das ist bei Weitem nicht so schön und intensiv, wie sich gegenseitig in die Arme zu nehmen, aber immer noch besser als gar nichts!

DIE ENTSCHEIDUNG TREFFEN UND DIE KÜNDIGUNG SCHREIBEN

So, jetzt aber mal ehrlich! Auf was wartest du noch? Es ist an der Zeit, eine Entscheidung zu treffen. Die vermutlich wichtigste Entscheidung deines Lebens. Die Entscheidung, JA zu sagen und end-

lich durchzustarten. Eine Entscheidung, ohne Ausreden und »Abers«, dafür mit ganz viel Mut und Überzeugung!

Doch wie fällt man diese alles verändernde Entscheidung überhaupt? Wann ist der richtige Zeitpunkt gekommen? Ganz einfach. Wenn du dazu bereit bist und es für dich nicht mehr anders geht! Ha, gute Antwort, oder? Wahrscheinlich sagst du dir jetzt: »Na toll, das hätte ich mir auch selbst denken können ...«

Die Entscheidung reifen lassen

Aber genau so ist es. Man trifft diese Entscheidung nicht über Nacht. Man wacht nicht plötzlich am nächsten Tag auf und denkt sich: »Hey, cool, ich werde digitaler Nomade!« Es ist vielmehr ein schleichender Prozess. Bist du einmal von dem Gedanken angefixt, die Welt kennenzulernen und ein ortsunabhängiges Leben zu führen, wird dich diese Vorstellung nicht mehr loslassen und sich langsam, aber sicher immer weiter in dir ausbreiten. Zuerst wirst du nur ab und zu darüber nachdenken, mit der Zeit wird es aber immer öfter passieren. Bis irgendwann sämtliche Gedanken nur noch um dieses Thema kreisen, du alle möglichen Infos dazu aufsaugst und gedanklich mindestens schon 349 Mal ein One-Way-Flugticket gebucht hast.

Wenn nebenbei auch noch jeder Morgen zu einer unfassbaren Qual wird, der Wecker dein schlimmster Feind ist und du alleine beim Gedanken an den nächsten Arbeitstag am liebsten heulen würdest, dann kommt die Entscheidung vielleicht sogar schneller, als du denkst. Zumindest war das bei uns so. Nach Marcos Hautkrankheit und der Thailandreise wurde unser Alltag immer ermüdender, die Arbeit immer quälender und die Sehnsucht nach einem erfüllten Leben immer größer. Das Gefühl, dass es da draußen viel mehr geben muss, wurde mit der Zeit so intensiv, dass uns einfach keine andere Wahl mehr blieb. Wir wollten unser Leben endlich leben! Es sollte endlich seinen Namen auch verdient haben!

Und dann: Deadline setzen und loslegen!

Umso wichtiger war es dann auch, eine starke, mutige und hundertprozentig fixe Entscheidung zu treffen. Ohne Hintertürchen. Ohne Auswege. Ohne Plan B. Wir ließen uns einfach keine Option offen, um am Ende doch noch mit vollen Hosen am Flughafen umzukehren.

Wir haben deshalb direkt nach der Entscheidung ein Datum festgelegt, an dem es losgehen sollte, sofort die One-Way-Tickets nach Asien gebucht, am nächsten Tag unserer Vermieterin den Auszug für Ende Januar angekündigt und unsere Eltern aufgeklärt. Hätten wir länger mit all

dem gewartet, wären wohl wieder unnötige Zweifel in uns hochgekommen.
Auch die Kündigung gaben wir nur eine Woche später in unserer Arbeit bei unseren Chefs ab. Übrigens mit dem Satz: »Wir reisen auf unbestimmte Zeit um die Welt und werden gleichzeitig online unser Geld verdienen!« Was für ein unglaublicher Moment! Unbezahlbar! Wir haben beide dadurch zum ersten Mal so richtig gespürt, dass nun wir an der Reihe sind. Dass wir die Zügel in den Händen halten und niemand anderes mehr.

Den Zeitpunkt der Kündigung gut überlegen

Allerdings war das mit der frühen Kündigung nicht gerade die beste Entscheidung. Immerhin waren es noch über sechs Monate bis zum Abflug. Vor allem ich (Marco) wurde relativ schnell auf dem Abstellgleis geparkt und hinter meinem Rücken wurde viel geredet. Natürlich nur »Gutes«. Ein Umstand, der mich am Anfang ziemlich aufregte. Erst als das Ende in Sicht war, bekam ich eine richtige »Ist mir alles scheißegal!«-Mentalität und lernte, über den Dingen zu stehen.
Wenn in deinem Arbeitsvertrag also keine lange Kündigungsfrist festgelegt ist, die dich zwingt, frühzeitig die Katze aus dem Sack zu lassen, überlege dir lieber gut, wann du kündigen willst. So groß dein Verlangen ist, die Kündigung mit einem fetten Grinsen abzugeben, so groß könnten dadurch halt auch die Probleme in deiner Arbeit werden.

FREUNDEN UND FAMILIE DIE ENTSCHEIDUNG MITTEILEN (ABER RICHTIG!)

Die Entscheidung ist gefällt. Der Flug gebucht. Der Rucksack gedanklich schon gepackt. Jetzt musst du es ja nur noch deinen Freunden und deiner Familie erklären! Wenn dieses »nur noch« bloß so einfach wäre ...

Denn dabei kann einiges schiefgehen, wie wir selbst erfahren durften. Schon einen Tag nach der Entscheidung sind wir nämlich zu meinen (Marcos) Eltern gefahren, haben uns auf das Sofa gesetzt und ganz stolz rausposaunt: »Mama, Papa, wir müssen euch was sagen! Im Januar 2016 fliegen wir noch mal nach Thailand und kommen so schnell nicht wieder! Wir werden hier alles verkaufen, unsere Jobs kündigen und online unser Geld verdienen.«
Autsch. Das war taktlos. Zu viele unvorstellbare Neuigkeiten auf einmal und vor allem der Abschnitt » ... und kommen so schnell nicht wieder!« hatte gesessen. Ein Satz, der sich für uns beide wie beste Musik anhörte, klang in den Ohren meiner Eltern wie ein Kopfschuss. Innerhalb von Sekunden entgleisten ihnen sämt-

liche Gesichtszüge, sie fingen fürchterlich an zu weinen und waren erst mal richtig enttäuscht von uns.
Nicht, weil wir unser Leben selbst in die Hand nehmen wollten, sondern weil wir unsere Entscheidung auf eine völlig falsche Art und Weise rüberbrachten. Meine Eltern dachten nach diesem Satz, dass wir uns Jahre nicht mehr sehen werden! Und im Nachhinein konnten wir das auch gut nachvollziehen. Hinzu kommt, dass ich ein Einzelkind bin und es dadurch für meine Eltern noch emotionaler wurde. An dieser Stelle noch mal: Sorry, Mama und Papa!

Besser die taktvolle Variante!

Bei Saras Familie und unseren Freunden haben wir die große Neuigkeit dann etwas taktvoller auf den Tisch gepackt. Statt völlig euphorisch mit der Tür ins Haus zu fallen, sagten wir immer direkt dazu, dass wir mindestens ein- oder zweimal pro Jahr zu Besuch kommen werden. Das nahm schon unglaublich viel Wind aus den Segeln. Außerdem erzählten wir erst weiter, wenn sich alle wieder halbwegs beruhigt hatten. Meist kamen dann die anderen Fragen nach Wohnung, Job, Geld etc. von ganz alleine auf und wir konnten in aller Ruhe über unseren großen Traum berichten.
Bei Marcos Eltern hatten wir nämlich etwas ganz Wichtiges nicht bedacht. Den Fakt, dass wir die Neuigkeit Menschen erzählen, die uns tief in ihr Herz geschlossen haben und daher erst mal unglaublich traurig sein werden. Schließlich lässt man die eigenen Kinder oder die besten Freunde nicht gerne für längere Zeit ziehen. Erst recht nicht, wenn es gleich ein so krasser Cut wie bei uns ist.
Außerdem haben wir die Ankündigung generell viel zu schnell ausgepackt. Direkt am Tag nach der Entscheidung standen wir selbst noch so unter Strom, dass wir kaum ruhig sitzen konnten, weil uns der Gedanke innerlich vor Freude explodieren ließ. Ein paar Tage mehr Abstand und ein etwas ruhigeres Gemüt wären da definitiv hilfreich gewesen!

Wenn du also selbst an dem Punkt bist, dann nimm dir lieber erst mal ausgiebig Zeit und überlege dir ganz genau, wie du es rüberbringen willst. Am besten machst du dir auch ein paar Notizen dazu, die du im Notfall zur Hand hast. Es ist nämlich ein schmaler Grat zwischen Völlig-am-Ziel-Vorbeischießen und Es-halbwegs-verständlich-Rüberbringen.
Aber egal, wie du es am Ende machst, stell dich schon mal auf jede Menge Tränen ein. So oft wie in dieser Zeit haben wir seit unserer Kindheit nicht mehr geheult. Jeder Person, der man wirklich nahesteht, merkt man an, dass ihr die Entscheidung wehtut. Das ist alles andere als schön! Vor allem, weil man selbst mindestens genauso mitleidet. Aber es hilft ja alles nichts. Wenn du langfristig deinen

eigenen Weg gehen und glücklich werden willst, muss du diesen kurzfristigen Schmerz in Kauf nehmen.

KONSEQUENT SEIN UND VOLLGAS GEBEN

Jetzt aber genug der Traurigkeit! Es ist an der Zeit, die Ärmel hochzukrempeln. Du hast eine Entscheidung getroffen, die dein ganzes Leben verändern wird. Eine Entscheidung, die aber auch deine volle Aufmerksamkeit erfordert!

Die ganzen organisatorischen Dinge, die nun anstehen, erledigen sich schließlich nicht von allein. Und auch das liebe Geld kommt nicht einfach so aufs Konto geflattert. Umso wichtiger ist es, dass ab dem Tag der Entscheidung wirklich nur noch dein eigener Traum zählt und du alles dafür tust, dass er am Ende in Erfüllung geht.

Bei uns gab es damals auch kein Zurück mehr. Wir haben alles dem großen Ziel untergeordnet und hatten nur noch eins vor Augen: das Leben als ortsunabhängige Online-Unternehmer. Für uns hieß das: Schluss mit Partys, Fußball, Kino oder Couch-Gegammel! Alles, was uns unnötig Zeit kostete, wurde erst mal auf Eis gelegt. Stattdessen nutzten wir sieben Monate lang fast jede freie Minute, um uns vor die Laptops zu setzen und verschiedenste Dinge in Angriff zu nehmen. Wir kamen also von unseren festen Jobs nach Hause und arbeiteten direkt noch mal stundenlang weiter. Nur eben auf eine neue Art und Weise.

Dabei erledigten wir jede Menge organisatorischen Kram, brachten uns aber auch unglaublich viel Know-how selbst bei. Fachwissen, das wir für unsere zukünftige Kundenarbeit, aber auch für unseren Job als Blogger dringend benötigten. Dazu dann später deutlich mehr, wenn du zum Kapitel »Online arbeiten und Geld verdienen« kommst.

Plötzlich machte Lernen Bock

Ungelogen, wir lernten noch nie so viele neue Dinge in so kurzer Zeit! Der Grund dafür: Es machte Spaß! Es machte Spaß, Dinge zu lernen, die wir wirklich lernen wollten. Vieles probierten wir nur einmal aus und vergaßen es danach nie wieder. Unsere Köpfe und unsere Herzen hatten einfach richtig Bock darauf, alles aufzusaugen und zu verinnerlichen. Ein Gefühl, das wir aus unserer Schulzeit und auch aus unseren Jobs zuvor kaum kannten. Da machte man halt das, was einem gesagt wurde. Nicht das, was am meisten Spaß bringt.

Zum ersten Mal in unserem Leben hatten wir dadurch das Gefühl, wirklich etwas für uns zu tun. Etwas, das UNS zufriedenstellt und nicht jemand anderen. Wir entfesselten Energien, die wir nie für möglich gehalten hatten. Die wir gar nicht von uns kannten! Als hätten wir sämtliche Ketten gesprengt, die uns jahrelang an Ort und Stelle festgehalten hatten. Deshalb war es auch möglich, über Monate hinweg jeden Tag Vollgas zu geben. Wir sahen plötzlich einen Sinn. Ein Ziel, für das es sich zu kämpfen lohnte!

Finde deinen inneren Antrieb ...

Und genau an diesen Punkt musst auch du kommen. Du musst dieses Abenteuer, diesen Traum so sehr wollen, dass du mit Leichtigkeit über alles drüber springst, was deinem Ziel als Hindernis im Weg steht.
Doch wie findest du diese Leichtigkeit? Durch deinen inneren Antrieb, der dich auch zu dieser Entscheidung geführt hat. Der dir sagt: »Ändere was! Mach es einfach!« Wir gehen mal davon aus, du spürst diesen inneren Antrieb schon ganz stark. Sonst hättest du das Buch nie bis zu diesem Punkt gelesen!
Allerdings gibt es auch ein paar Kniffe, um deinen inneren Antrieb dauerhaft bei Laune zu halten. Vor allem an Tagen, wo man doch mal etwas niedergeschlagen ist und die Entscheidung infrage stellt. Tage, die definitiv kommen werden, auf die du dich aber vorbereiten kannst.

... und erhalte ihn dir mit ein paar Tricks

Wir hängten zum Beispiel an unsere Schlafzimmertür ein DIN-A3-Blatt und schrieben unseren großen Traum in die Mitte: WELTREISE + ERFOLGREICHER REISEBLOG.
Außen rum notierten wir dann direkt alle Facetten, die wir uns davon erträumten. Zum Beispiel: authentisches Streetfood, einzigartige, kulturelle Erlebnisse, ein Job, der uns erfüllt, ganzjährig warme Temperaturen, viel Sonnenschein, weiße Traumstrände, arbeiten, wo andere Urlaub machen, freie Zeiteinteilung, Aufstehen ohne Wecker und vieles, vieles mehr. Im Endeffekt alles, was uns zu unserem neuen Leben einfiel und uns ein Grinsen aufs Gesicht zauberte.
Außerdem stellten wir überall in unserer Wohnung die schönsten Bilder von unserer ersten Thailandreise auf. Wenn es uns mal nicht gut ging, schauten wir einfach eines der Fotos an und wussten sofort wieder, warum wir diese Entscheidung getroffen haben. Dann prasselten plötzlich all die Erinnerungen und Gefühle wieder auf uns ein, die uns aufs Neue Schwung gaben.
Du kannst dir außerdem mehrmals untertags deinen Smartphone-Wecker stellen und dir dadurch immer ein paar motivierende Sätze anzeigen lassen. Wie zum Beispiel: »Liebe Grüße aus Australien! Hier scheint bereits die Sonne, die Strände sind wunderschön weiß und die Kängurus warten schon auf dich! Noch ein paarmal die Zähne zusammenbeißen und du hast es geschafft!« Stell den Wecker außerdem auf Uhrzeiten, während

derer du öfter mal ein kleines Tief hast und die Motivation dringend brauchst. Vielleicht direkt eine halbe Stunde nach dem Aufstehen, um besser in Tritt zu kommen? Oder nach der Mittagspause in deinem normalen Job, wenn meistens der Tagestiefpunkt erreicht ist? Wann genau, kannst am Ende aber nur du selbst wissen.

SICH PERSÖNLICH WEITERENTWICKELN UND NIE STEHEN BLEIBEN

Je mehr Neues du lernst und je näher du deinem großen Traum kommst, umso stärker wirst du feststellen, dass du dich extrem weiterentwickelst. Das wird ganz automatisch passieren und beginnt bereits in deiner Vorbereitungsphase!

Doch so richtig krass wird die eigene Entwicklung erst, wenn du unterwegs bist. Vor allem in letzter Zeit denken wir uns immer wieder: »Irre! Was haben die letzten drei Jahre nur aus uns gemacht!?« Im positiven Sinne natürlich! Wenn wir an die Sara und den Marco von früher zurückdenken, sehen wir heute zwei komplett andere Menschen im Spiegel.
Damals: unzufrieden, schlecht gelaunt, durchwegs negativ und müde. Heute: zufrieden, glücklich, energiegeladen und angekommen im Leben. »Schuld daran« sind vor allem die zahlreichen Reisen! Wenn man so viele verschiedene Menschen, Kulturen, Weltanschauungen,

Länder und Religionen kennenlernt, verändert das einfach. Egal, wo wir waren, am Ende haben wir aus jedem Land immer etwas Positives für uns mitgenommen.

Ganz neue Seiten an sich selbst entdecken

Früher war es zum Beispiel unser großer Wunsch, so viel Geld auf dem Konto zu haben, dass wir nie wieder auf ein Preisschild achten müssen. Mittlerweile wollen wir so viel Geld verdienen, dass wir unserer Welt etwas zurückgeben können. Egal, ob wir am Ende Schulen in Südafrika, Flüchtlingsheime in Deutschland oder das Pflanzen von Bäumen in Indonesien unterstützen werden. Wir haben einfach das Gefühl, unserem Planeten etwas schuldig zu sein!

Aber das ist natürlich nur eine von vielen Entwicklungen der letzten Jahre. Denn auch die Selbstständigkeit und unser Online-Business haben uns extrem geprägt und verändert. Wir haben zum Beispiel gelernt, uns wirklich durchzubeißen, hinzufallen, aufzustehen, einen Schritt weiter zu gehen als die meisten anderen und auch stolz auf uns zu sein. Etwas, das wir vorher überhaupt nicht kannten! Jahrelang verbanden wir Stolz immer mit Egoismus.

Welche Entwicklungen im Laufe der Jahre auf dich zukommen werden, können wir natürlich nicht sagen. Du kannst dir aber sicher sein, dass sich ganz viel in deinem Inneren bewegen wird. Zumindest, wenn du mit einem offenen Herzen um die Welt reist und dieses Leben wirklich willst.

Entwicklung im eigenen Rhythmus

Wichtig ist, dass du diese unterschiedlichen Entwicklungsprozesse nicht erzwingst. Sie werden mit der Zeit von ganz allein kommen und genau dann, wenn es für dich richtig ist. Bestes Beispiel: Wir wollten schon früh, so gut es geht, Plastik auf unseren Reisen vermeiden. Aber nicht, weil wir bereit dazu waren, sondern weil wir ein schlechtes Gewissen durch Dokus und andere Blogger bekamen, die den Plastikverbrauch besser im Griff hatten.

Allerdings waren unsere Köpfe zu der Zeit mit so vielen anderen Dingen vollgepackt, dass dieses Thema gar keinen Raum hatte. Wir sparten zwar mal hier 'ne Plastikflasche, da 'ne Plastiktüte, Hand und Fuß hatte das aber nicht wirklich. Die Folge: Wir bekamen ein noch schlechteres Gewissen, weil wir uns unfähig fühlten, Plastik zu sparen. Erst eineinhalb Jahre später waren wir wirklich so weit, uns mit dem Thema auseinanderzusetzen und es in Angriff zu nehmen. Dafür aber dann richtig! Lass dir also selbst genug Zeit und setz dich bei deiner eigenen Entwicklung nicht zu sehr unter Druck.

Stehen bleiben, um voranzukommen

Doch was meinen wir eigentlich mit »nie stehen bleiben«? Dieser Punkt mag sich im ersten Moment etwas verwirrend anhören. Es klingt fast so, als dürftest du dir keine Pausen gönnen und müsstest rund um die Uhr vor dem Laptop sitzen. In Wirklichkeit bedeutet es das genaue Gegenteil! Nie stehen zu bleiben gelingt nämlich nur, wenn du ab und zu mal stehen bleibst. Okay, jetzt haben wir dich wohl noch mehr verwirrt, oder? Sorry dafür! Aber keine Sorge, gleich weißt du, was wir meinen!

In der normalen westlichen Gesellschaft heißt »nie stehen bleiben« tatsächlich, immer Gas zu geben, immer irgendwie beschäftigt zu sein. Daran sind wir alle so gewöhnt, dass die meisten von uns völlig aus dem Gleichgewicht geraten, wenn sie aus unterschiedlichen Gründen plötzlich etwas langsamer leben müssen. Zum Beispiel, weil die Gesundheit nicht mehr mitspielt. Für viele ist es ja schon eine große Herausforderung, im Urlaub 30 Minuten lang ruhig am Pool zu liegen!

Für uns bedeutet nie stehen zu bleiben dagegen, ganz bewusst etwas langsamer zu machen. Vor allem, während du bereits auf deiner großen Reise bist! Oft genügt dafür ein Tag pro Woche. Ein Tag, den du nicht unbedingt mit hundert anderen Dingen vollpacken solltest, sondern an dem du dir Zeit für dich selbst nimmst. Wir lassen uns an solchen Tagen unglaublich gern massieren oder legen uns an den Strand, schließen die Augen und schauen, was sich in uns so bewegt. Das ist am Anfang unglaublich schwer! Jedes Mal aufs Neue fühlt es sich auch für uns noch so an, als würden wir tatsächlich stehen bleiben. Es gibt schließlich so viele Dinge, an denen wir arbeiten könnten oder die wir noch entdecken wollen! Aber in Herz und Gehirn passiert das genaue Gegenteil. Der Körper bleibt zwar stehen, unser Inneres dafür nicht. Denn endlich bekommt es mal genug Zeit, um die letzten Arbeitstage und Erlebnisse wirklich durchzugehen, zu verarbeiten, loszulassen und Platz für Neues zu schaffen.

Hinter den Kulissen tut sich was

Nach so einer Auszeit starten wir am nächsten Morgen viel erholter in den Tag, können mehr leisten, sind deutlich motivierter und haben auch viel bessere Laune. Wir fühlen uns einfach aufgeräumt und entspannt. Außerdem haben wir dadurch oft die besten Ideen und Einfälle. Wie oft wir schon in Thailand bei einer Massage lagen und es plötzlich »BING« gemacht hat! Die Idee zu unserem Andalusien-Reiseführer ist zum Beispiel so entstanden.

Also, selbst wenn du an solchen Tag gefühlt auf der Stelle trittst, bewegt sich doch einiges hinter den Kulissen. Wirklich stehen bleiben wirst du am Ende nur, wenn du ständig auf Biegen und Brechen weitermachst. Hirn und Herz kommen irgendwann einfach nicht mehr hinterher!

DIE RICHTIGEN MENSCHEN IM PERSÖNLICHEN UMFELD UND DAS VERNETZEN

Einen großen Anteil daran, dass wir uns immer wieder weiterentwickeln und Love & Compass so erfolgreich wurde, haben die richtigen Menschen in unserem Umfeld. Menschen, mit denen wir uns übers Reisen, über Business, Träume, Ziele, Selbstverwirklichung und das ortsungebundene Unternehmertum unterhalten können. Menschen, die wir zum Teil vorher gar nicht kannten.

Unsere Familie und Freunde hatten ja anfangs keinen Plan, von was wir reden, und einige waren auch nicht sonderlich interessiert an unseren Ideen. Was auch okay ist, schließlich waren wir diejenigen, die alles umkrempelten und sich in eine völlig andere Richtung entwickelten. Wir konnten ja schlecht erwarten, dass sich plötzlich jeder so brennend für diese Themen interessierte wie wir.

Doch was macht man nun in so einer Situation? Man sucht sich eben Leute, mit denen man darüber quatschen kann! Menschen, die ähnliche Pläne haben wie man selbst oder bereits richtig erfolgreich dieses Leben führen.

Vom Erfahrungsaustausch zur Freundschaft

Wir suchten sogar schon einige Monate vor der eigentlichen Reise den Kontakt zu Gleichgesinnten. Und machen das natürlich auch regelmäßig, seit wir unterwegs sind. Es gibt einfach nichts Besseres, als Erfahrungen auszutauschen! Du lernst daraus, bekommst Anregungen und Tipps, vermeidest im Idealfall Fehler, kannst irgendwann dein eigenes Know-how weitergeben und kommst so immer ein Stück weiter voran. Und es tut einfach unglaublich gut zu wissen, dass es da draußen noch viel mehr Spinner wie dich und uns gibt! Noch viel mehr Querdenker, Freigeister und Träumer. Geil, oder?

Außerdem können sich dadurch echte, intensive Freundschaften entwickeln. Wie zum Beispiel mit Jenny und Basti vom Reise- und Fotografie-Blog »22places«, mit den beiden Reise-YouTubern Ania und Daniel von »Geh Mal Reisen« oder auch mit Tobi und Marcel vom Südostasien-Blog »Home is where your bag is«. Wir lieben diese Menschen einfach. In vielen Dingen sind wir so krass auf einer Wellenlänge, dass man einfach tagelang nur dasitzen und miteinander reden könnte. Wir sehen uns zwar nicht oft – manchmal auch nur einmal im Jahr –, dafür skyped man häufiger. Und wenn man sich trifft, wird es jedes Mal ein Fest. Es fühlt sich nicht so an, als hätten wir uns ewig nicht gesehen, sondern wir machen immer genau da weiter, wo wir einige Monate zuvor aufgehört haben. Einfach nur schön!

Möglichkeiten, in Kontakt zu kommen

Vielleicht fragst du dich jetzt: »Wie finde ich denn solche Menschen und wie stelle ich am Ende den Kontakt her?« Eigentlich ist es gar nicht so schwer, um genau zu sein, gibt es drei einfache Möglichkeiten, mit Gleichgesinnten in Kontakt zu treten.

Facebook-Gruppen: Die simpelste Möglichkeit sind Facebook-Gruppen, in denen es nur so wimmelt von digitalen Nomaden und Weltreisenden.

- Zum Beispiel hier:
  www.facebook.com/groups/digitalenomaden/
- Hier:
  www.facebook.com/groups/dnxberlin/
- Hier:
  www.facebook.com/groups/geh.mal.reisen.weltreise.community/
- Oder auch hier – unsere eigene Gruppe für Paare auf Reisen:
  www.facebook.com/groups/680722628734871/

Auch wir haben uns damals in den ersten beiden Gruppen mit unserem Traum vorgestellt und wurden fast schon erschlagen von der unglaublichen Herzlichkeit und Positivität der Leute. Es gab niemanden, der sagte »Ihr schafft das nicht!«, sondern nur Leute, die uns Mut zusprachen. Die mit uns an unseren Traum glaubten!
So haben wir übrigens auch Flo kennengelernt. Ebenfalls ortsunabhängiger Unternehmer aus unserer Heimatstadt Augsburg. Er »pendelt« das ganze Jahr zwischen Europa und Südamerika, ist ziemlich erfolgreich und stellte damals sogar die Verbindung zu unserem ersten Kunden her! Flo, falls du das liest: Danke! Wird mal wieder Zeit für ein Bier!

Vorträge, Festivals oder passende Veranstaltungen besuchen: Das ist ebenfalls eine total einfache Möglichkeit, Gleichgesinnte kennenzulernen. Mittlerweile gibt es nämlich genug Events, die sich um Themen wie Reisen, digitales Nomadentum, Online Business und Co. drehen. Zum Beispiel das Travel Festival in Witten, das von der lieben Laura organisiert wird. Auch wir haben dort schon über unsere Reisen gesprochen und so viele tolle Menschen kennengelernt! Oder das Mega-Event für digitale Nomaden, DNX, das jedes Jahr einmal in Berlin stattfindet und sogar schon mal in Bangkok die Zelte aufgeschlagen hat. Letztes Jahr waren in Berlin über 1000 Besucher, unzählige bekannte Speaker und auch an Workshops konnte man teilnehmen. Allerdings ist der Eintrittspreis ziemlich hoch.
Solche Veranstaltungen werden übrigens auch oft in den bereits genannten Facebook-Gruppen geteilt und erwähnt. Du kannst aber auch einfach mal Google fragen. Vor allem in größeren Citys, egal wo auf der Welt, gibt es immer einige gute Events!

Mit Vorbildern in Kontakt treten: Okay, das ist wohl der schwierigste Punkt, da es am Anfang meist ein bisschen Überwindung kostet. Doch wen meinen wir mit Vorbildern überhaupt? Keine großen Berühmtheiten, sondern Menschen, die einen ähnlichen Traum bereits erfolgreich leben. Bei uns waren das Jenny und Basti, aber auch Tobi und Marcel, die wir ja vorhin bereits erwähnt haben.
Als wir damals mit Love & Compass vor der Reise an den Start gingen und uns noch keiner kannte, dachten wir uns immer nur »Wow, krass! Die haben genau das geschafft, was wir auch unbedingt wollen! Ob die uns überhaupt antworten?!« Jap, sie haben geantwortet und heute sind wir richtige Freunde. Verrückt! Anfangs haben wir übrigens immer bei ihren Posts in Facebook oder Instagram kommentiert, bis wir zufällig mal in der gleichen Ecke der Welt waren und nach einem Treffen fragten. Du brauchst dir also bei vielen keine Sorgen zu machen,

dass du eine dumme Antwort bekommst. Auch wir schreiben gerne mit unserer Community und treffen uns auch öfters mit Lesern und Followern.

SICH VON NEGATIVEN MENSCHEN, NEIN-SAGERN UND DUMMSCHWÄTZERN TRENNEN

Zum Schluss des zweiten Kapitels werden wir jetzt noch auf ein Thema näher eingehen, das uns unglaublich auf der Zunge brennt und den Gegenpart zum vorherigen Abschnitt darstellt: negative Menschen und Nein-Sager!

Sobald du dich endgültig für deinen großen Traum entschieden hast, wirst du sie wie Pilze aus dem Boden schießen sehen. Menschen, die deinen Traum schlechtreden, als Unsinn bezeichnen, dir davon abraten, nicht an dich glauben und deinen Wunsch nach einem anderen Leben zerstören wollen. Das können Arbeitskollegen, Vorgesetzte oder flüchtige Bekannte sein, aber auch gute Freunde oder, wenn's ganz blöd läuft, sogar Familienmitglieder.

Vor allem Sätze wie »Du kannst das doch alles nicht! Wie willst du das ohne Vorkenntnisse schaffen?«, »Es ist doch unmöglich, online Geld zu verdienen, und wenn doch, dann ist es nur Abzocke!«, »Du hast doch so einen sicheren Job. Es wäre total dumm, ihn aufzugeben!« oder »Ich wette, in ein paar Monaten bist du eh wieder hier!« durften wir uns öfter anhören.

Verständnis? Kannst du manchmal knicken!

Während meiner letzten Arbeitswoche als Elektroniker fragte mich zum Beispiel ein etwas älterer Kollege, der bereits zwei leichte Schlaganfälle hinter sich hatte, ziemlich schnippisch: »Warum machst du das eigentlich? Was erhoffst du dir davon, in Deutschland alles aufzugeben? Du glaubst doch nicht ernsthaft, dass das Leben in Asien oder sonst wo schöner ist!?«
»Es geht nicht darum, ob das Leben irgendwo schöner ist, sondern darum, wo ich mich wohl und lebendig fühle. Hier in Deutschland auf jeden Fall nicht mehr. Außerdem will ich einen Job machen, der mir Spaß macht, mich erfüllt und bei dem ich mein eigener Chef sein kann«, antwortete ich. Folgende Ansage bekam ich anschließend ins Gesicht geschmettert: »Ganz schön naiv. Arbeit muss nicht Spaß machen. Arbeit muss nur Geld bringen!«

Für mich war das Gespräch damit beendet. Wer nach zwei Schlaganfällen immer noch solche Ansichten mit sich herumträgt, der hat sich sein eigenes Grab schon längst geschaufelt.

Die Ursachen für Ablehnung sind vielfältig

Wir müssen aber auch sagen, dass die meisten Menschen deinen Traum nicht mit Absicht schlechtreden. Für viele klingt es einfach so verrückt und fernab jeder Realität, dass sie aus Gewohnheit zuerst dagegenreden (auch bei uns musste der Gedanke ja erst langsam reifen). Wenn ein allgemeines Verständnis fehlt, wird alles Neue und Unbekannte erst mal kategorisch abgelehnt. Vor allem wir Deutschen sind in dieser Disziplin wahre Weltmeister.

Andere wiederum wollen dich einfach nicht verlieren und versuchen deshalb unbewusst, dir deinen neuen Lebensabschnitt auszureden, indem sie alles an negativen Szenarien auffahren, was möglich ist. Leider werden dir die Wenigsten offen sagen: »Ich bewundere deinen Mut, aber ich hab Angst, dass unsere Freundschaft daran zerbricht!«, weil sie sich den möglichen Verlust nicht eingestehen wollen.

Und dann gibt es natürlich noch genügend Leute, die einfach nur neidisch sind. Auf deinen Mut, deine innere Stärke und deinen Willen, etwas zu verändern. Weil du etwas machst, das sie seit Jahren selbst nicht gebacken bekommen. Weil ihnen die Power und der innere Antrieb fehlen. Diese Leute sind es meistens auch, die dir gegenüber unfair, gemein und richtig bösartig werden!

Vom Umgang mit negativen Menschen

Wie geht man jetzt mit solchen Nein-Sagern und negativen Typen um? Das ist zu Beginn alles andere als leicht. Vor allem, wenn es sich um langjährige Freunde oder die eigene Familie handelt. Da es aber letztlich immer auf die ganz persönliche Situation ankommt, hat es keinen Sinn, dir jetzt konkrete Tipps aufzuzählen. Dafür kannst du vielleicht etwas aus unserer eigenen Geschichte ziehen, wie wir beide mit diesem Thema umgegangen sind.

Am wichtigsten war für uns, dass wir uns relativ zügig ein Bild davon machten, wie die Menschen in unserem Umfeld nach der großen Ankündigung reagierten.

Bei bestimmten Personen merkten wir ziemlich schnell, dass sie sich trotz der ersten, negativen Äußerungen doch für unseren Traum interessierten und immer wieder nachfragten. Für diese Menschen haben wir uns wirklich Zeit genommen und ihnen alles ausführlich erklärt. Warum wir einen Wandel in unserem Leben brauchen, warum wir um die Welt reisen wollen, wie wir unser Geld dadurch verdienen werden und vieles mehr. Dadurch konnten viele unsere Entscheidung am Ende sogar nachvollziehen.

Dann gab es aber noch die Bekannten, Arbeitskollegen und »Freunde«, die auch nach längerer Zeit extrem komisch zu uns waren. Bei jeder Gelegenheit zogen sie unseren Plan in den Dreck oder fingen sogar an, hinter unserem Rücken abzulästern. Wir haben diese Menschen nach und nach aus unserem Leben verbannt, sind ihnen in der Arbeit aus dem Weg gegangen, haben Treffen, so gut es ging, vermieden und schließlich den Kontakt abgebrochen.

Das Beste aus der ungewohnten Situation machen

Anfangs war es ganz schön schwer, diese uns völlig unbekannten Situationen zu akzeptieren und damit umzugehen. Erst recht bei langjährigen Freundschaften. Manchmal dachten wir uns tatsächlich: »Sind wir daran schuld, dass alles zerbricht?!« Hinzu kommt noch, dass man mit einer Freundschaft ja immer jede Menge schöne Erlebnisse verbindet. Wir mussten uns deshalb erst bewusst werden, dass wir zwar die Person loslassen, nicht aber die wunderbaren Erinnerungen an die gemeinsame Zeit.

Wie bereits im Kapitel »Ängste verlieren« beschrieben, merkten wir außerdem, dass der Verlust einer Freundschaft nicht immer etwas Negatives ist, sondern wir dadurch auch Ballast abwerfen können, um neuen, einzigartigen Menschen Platz in unseren Herzen zu bieten. Die wirklich echten, richtigen Herzensmenschen werden ohnehin in deinem Leben bleiben. Selbst wenn es am Ende nur zwei oder drei sind!

3. Kapitel
Bürokratische Hürden meistern

Die Geschichten sind erzählt, ab jetzt geht's an die Praxis. Denn auch die motivierendsten Worte bringen dir am Ende nichts, wenn die Umsetzung nie Fahrt aufnimmt. Wir könnten noch so oft betonen, wie wichtig es ist, dich zu überwinden, noch so viele Storys über Weiterentwicklung, Vollgas geben oder Ängste verlieren auspacken. All das würde dir nicht weiterhelfen.

Wenn das Buch so geendet hätte, würdest du es jetzt wahrscheinlich zur Seite legen und dir denken: »Ja, war cool zu lesen. Hat auch was bewegt in mir! Aber was mache ich jetzt konkret, wenn ich wirklich durchstarten will?!«

Damit das nicht passiert, werden wir dir jetzt im dritten Kapitel bei der allgemeinen Vorbereitung deines neuen Lebens unter die Arme greifen. Zahlreiche, oft undurchschaubare bürokratische Hürden sind nun mit einem großen Sprung zu überwinden. Wir bringen Licht ins Dunkel, indem wir dir leicht verständlich erklären, was du beachten musst, wenn du dich zum Beispiel selbstständig oder arbeitslos melden willst, wenn du Verträge auflösen, den internationalen Führerschein beantragen oder die richtigen Versicherungen auswählen möchtest und vieles mehr. Garantiert OHNE Beamtendeutsch!

Wir wären damals selbst froh gewesen, die Infos in gebündelter Form irgendwo nachlesen zu können. Umso wichtiger ist es uns, dir das bieten zu können! Bei einigen Fragen können wir ja ohnehin nur das »Für und Wider« aufzeigen – die Entscheidung musst du je nach deiner persönlichen Situation natürlich selbst treffen.

WARUM DU DEN PAPIERKRAM RECHTZEITIG ERLEDIGEN MUSST

Hach, Bürokratie. Allein beim Namen geht unser Herz auf! Nichts auf der Welt lieben wir mehr. Ok, genug der Ironie.

Wer sich gern mit haufenweisen Formularen beschäftigt, muss schon ein sehr spezieller Typ sein. Daran vorbei kommt man aber leider nicht.

Das Thema Bürokratie auszuklammern funktioniert erst recht nicht, wenn man sich für ein Leben fernab der typischen Normen entscheidet. Zu Beginn musst du wirklich einiges erledigen. Stell dich also schon mal darauf ein, dass du viele Kündigungen schreiben, Formulare ausfüllen, jede Menge telefonieren und manchmal laut fluchen wirst.

Doch das Gute daran: Bist du einmal mit dem Gröbsten durch, hast du vorerst deine Ruhe. Lass dir allerdings nicht zu viel Zeit und bring den Papierkram so schnell wie möglich hinter dich. Je länger du das Unausweichliche rauszögerst, umso stressiger wird es am Ende. Du bist nämlich extrem abhängig vom »guten Willen« deiner Versicherungen und anderer Unternehmen. Die meisten kennen plötzlich keinerlei Eile, sobald es um Kündigungen oder Vertragsauflösungen geht. Wenn du dagegen eine Versicherung abschließen willst, klappt das natürlich innerhalb von Minuten. Seltsam, oder?

Aufschieberitis? Besser nicht!

Auch wir haben uns direkt zu Beginn um die Bürokratie gekümmert und begannen erst mit der Reisevorbereitung, als der größte Teil davon abgehakt war.

Außerdem nahmen wir uns dafür eine komplette Woche frei. Wir wollten während unserer Arbeitszeit im alten Job ungern alle fünf Minuten Telefonieren gehen. Außerdem sind viele Ämter und Versicherungen nur von Montag bis Freitag während der normalen Arbeitszeiten zu erreichen, einige wenige auch samstags. Vorausgesetzt der passende Ansprechpartner »ist gerade im Haus«.

Damit du jetzt nicht lange überlegen musst, welche bürokratischen Aufgaben auf dich zukommen, haben wir eine kleine Checkliste erstellt. Es mögen vielleicht nicht alle Punkte auf dich zutreffen, die meisten davon sind aber typische To-Dos, die du unbedingt erledigen solltest und auf die wir im Laufe des Kapitels noch genauer eingehen.

CHECKLISTE »BÜROKRATISCHE AUFGABEN«

- O (Eventuell) abmelden in Deutschland
- O Selbstständig melden
- O Verträge & Abos kündigen
  - o Wohnung/Miete
  - o Mobilfunk
  - o Internet
  - o Fitnesscenter
  - o Zeitschriftenabos:
  - o ....
  - o ....
  - o ....
  - o Finanzierungs- & Leasingverträge:
  - o ....
  - o ....
  - o ....
  - o Weitere Verträge:
  - o ....
  - o ....
  - o ....
- O Gesetzliche Krankenversicherung kündigen
- O Weitere Versicherungen kündigen:
  - o ....
  - o ....
  - o ....
  - o ....
  - o ....
- O Eine Langzeit-Auslandskrankenversicherung abschließen
- O (Eventuell) eine internationale Haftpflichtversicherung abschließen
- O Wohnung auflösen & Auto loswerden
- O Internationalen Führerschein beantragen
- O (Eventuell) einen digitalen Briefkasten buchen
- O Nachsendeauftrag einrichten
- O Neue Postanschrift bei Banken, Versicherungen etc. melden

ABMELDEN IN DEUTSCHLAND – JA ODER NEIN?

Eine Frage, die man uns schon ganz oft gestellt hat! Leider können wir gleich bei diesem ersten Punkt auf der Checkliste keine eindeutige Antwort geben. Die Entscheidung ist einfach von zu vielen persönlichen Faktoren abhängig und am Ende musst du es selbst ganz genau abwägen.

Generell ist das Thema unglaublich komplex und zieht einen ganzen Rattenschwanz an Änderungen hinter sich her. Was wir aber machen werden, ist, dir einige Vor- und Nachteile der Abmeldung zu nennen. Außerdem beschreiben wir dir unseren eigenen Weg etwas genauer: Wie sind wir damals vorgegangen, wie sieht es mittlerweile bei uns aus und warum haben wir es so gemacht? Vielleicht erkennst du dich in einigen Ansichten wieder und kannst dadurch etwas für deine eigene Entscheidung mitnehmen.

Das Für und Wider einer Abmeldung aus Deutschland

Vorteile

- Du kommst mit einer Abmeldebescheinigung aus den meisten Verträgen raus – das nennt sich außerordentliches Kündigungsrecht.
- Du kannst leichter deine gesetzliche Krankenversicherung beenden.
- Du bist nicht mehr verpflichtet dazu, in die Rentenkasse einzuzahlen.
- Du bist wahrscheinlich nicht mehr steuerpflichtig in Deutschland (vorausgesetzt, du hast hier kein Unternehmen oder andere Einnahmen wie Mieteinkünfte).

Nachteile

- Ohne festen Wohnsitz ist die Beantragung von wichtigen Dokumenten wie Personalausweis, Reisepass, Führerschein etc. deutlich schwieriger.
- Du kannst kein Gewerbe mehr in Deutschland gründen.
- Ein bestehendes Unternehmen/Gewerbe muss eventuell abgemeldet werden.
- Du kannst keine Bankkonten mehr in Deutschland eröffnen.
- Solltest du dein Auto in Deutschland behalten wollen, musst du es zwingend abmelden oder eine Vertrauensperson dafür bestimmen.

Du siehst, es spricht nicht alles für eine Abmeldung. Für uns persönlich macht sie deshalb nur Sinn, wenn du wirklich langfristig aus Deutschland raus willst. Wir meinen damit nicht nur ein paar Monate, sondern wirklich mehrere Jahre.

Das Problem mit der Scheinanmeldung

Wir selbst sind mittlerweile nicht mehr in Deutschland gemeldet, allerdings erst seit Mitte 2017. Die ersten eineinhalb Jahre verzichteten wir ganz bewusst auf die Abmeldung. Stattdessen wollten wir erst mal feststellen, ob uns das Leben im Ausland für längere Zeit überhaupt gefällt und wie sich unser Business entwickelt. Unsere Wohnung lösten wir trotzdem auf und meldeten uns stattdessen auf die Adresse unserer Eltern um.

Womit wir zu einem Problem kommen, das sich Scheinanmeldung nennt. Das aktuelle Bundesmeldegesetz besagt nämlich, dass du dich innerhalb von zwei Wochen in Deutschland abmelden musst, wenn du nach einem Auszug keine neue Wohnung beziehst. Da dachten sich früher natürlich viele: »Ha, kein Problem! Dann melde ich mich einfach bei meinen Eltern oder Freunden an!«
Das klappt mit dem aktuellen Meldegesetz aber nicht mehr so einfach. Erstens brauchst du für die Ummeldung eine Bescheinigung, die vom Wohnungsgeber ausgefüllt werden muss. Wenn deinen Eltern oder Freunden die Wohnung oder das Haus gehört, grundsätzlich kein Problem. Wenn sie selbst aber nur zur Miete wohnen, musst du auch den Namen des Eigentümers angeben. Sollte der über euren »Deal« nicht Bescheid wissen, kann es ziemlich unangenehmen werden, falls doch mal jemand vom Amt nachfragt. Außerdem muss dir dort, wo du gemeldet bist, ein Wohnraum zur Verfügung stehen, der auch klar als solcher zu erkennen ist. Das heißt, es müssen zumindest ein Bett für dich und ein paar deiner privaten Gegenstände vorhanden sein. Hinzu kommt, dass du auch ein paarmal pro Jahr dort vorbeischauen solltest. Wie oft genau ist allerdings nicht festgelegt. Wenn du die genannten Kriterien nicht erfüllen kannst, gilt es als Scheinanmeldung und es können sehr hohe Bußgelder auf dich, aber auch deinen Wohnungsgeber (Familie oder Freunde) zukommen.

Jetzt fragst du dich vielleicht »Und wer überprüft das bitte?«. Das Gleiche haben wir uns damals auch gefragt. Wenn du in der Großstadt wohnst, wahrscheinlich niemand. In kleineren Städten oder Dörfern, wo jeder jeden kennt, wird dagegen viel getratscht und die Wahrscheinlichkeit, dass dadurch die Scheinanmeldung auffliegt, ist deutlich höher.
Wir jedenfalls hatten einen Wohnraum bei unseren Eltern und kamen auch immer mal wieder für ein paar Wochen zu Besuch, daher waren wir sowieso auf der sicheren Seite. Ansonsten besteht auf jeden Fall immer ein kleines Risiko. Denke also gut darüber nach.

Und wie sieht es bei einer Abmeldung mit Bankkonten aus?

Da kommt es darauf an, bei welcher Bank du bist. Vor allem bei Direktbanken bzw. reinen Online-Banken ohne Filialen wie comdirect, DKB oder N26 kannst du

dein Konto behalten. Hier reicht eine deutsche Postanschrift aus, um das Konto weiterhin nutzen zu können. Bei Filialbanken wie der Sparkasse oder der Deutschen Bank wird es schon schwieriger. Solche Banken fordern zwingend eine deutsche Meldeadresse. Eine komplett neue Kontoeröffnung ohne Meldeadresse ist, wie oben bereits erwähnt, ebenfalls nicht möglich.

Am Ende eine richtige Entscheidung für oder gegen die Abmeldung zu treffen ist also alles andere als leicht. Mach dir deshalb genau Gedanken darüber, schreibe dir alles auf, was dir dazu durch den Kopf schießt, schlafe mehrere Nächte darüber und triff am Ende deine eigene Entscheidung. Am besten liest du dir dazu ein paar weitere Beiträge durch, die sich noch viel intensiver mit dem Thema »Abmelden in Deutschland« auseinandersetzen. Wir können dir diese hier ans Herz legen:

- Wie du auch ohne Meldeadresse oder festen Wohnsitz (über)lebst (https://wirelesslife.de/keine-meldeadresse/)
- Wohnsitz in Deutschland abmelden? Hier die Vor- und Nachteile (https://wirelesslife.de/wohnsitz-aus-deutschland-abmelden-pros-und-cons/)
- Wohnsitz abmelden bei Umzug ins Ausland – wirklich alles, was du dazu wissen musst (https://wirelesslife.de/wohnsitz-abmelden-umzug-ins-ausland/)

SELBSTSTÄNDIG MELDEN UND STEUERN ZAHLEN

Wenn du online richtig Geld verdienen willst, dann musst du dich zwangsläufig selbstständig melden. Viele Firmen, Kunden und Partner akzeptieren nur Rechnungen mit einer offiziellen Firmenadresse und einer Steuernummer. Vor allem, wenn es höhere Beträge werden.

Außerdem ist es Pflicht, ein Gewerbe anzumelden, sobald du mit einer selbstständigen Tätigkeit beginnst (außer du arbeitest als »Freiberufler«, siehe zur Unterscheidung https://selbststaendigkeit.de/gewerbe-anmelden). Allerdings hast du bis zu drei Monate rückwirkend Zeit dafür.

So, das haben wir schon mal geklärt. Jetzt werden dir aber sicher ganz viele weitere Fragen durch den Kopf schießen, zum Beispiel:

- Soll ich mein Unternehmen in Deutschland gründen oder doch lieber im Ausland?
- Kann ich ein deutsches Unternehmen auch weiterbetreiben, wenn ich mich abgemeldet habe?
- Wo zahle ich am Ende überhaupt Steuern und wie viel?
- Welche Unternehmensform sollte ich wählen?
- Wenn ich im Ausland ein Unternehmen gründen will, wo sollte ich es gründen?

Das sind alles Fragen, die wir dir liebend gern beantworten würden, die wir aber nicht beantworten können. Wir sind einfach keine Steuerexperten und wollen dir bei zwei so facettenreichen, hochkomplexen Themen keinen Mist erzählen.

Besser Unterstützung suchen

Deshalb unser Rat: Such dir einen Steuerberater, der dich unterstützt, berät und dem du vertrauen kannst. Das kostet zwar Geld, aber es wird dir unendlich viel Ärger und ausgerupfte Haarbüschel ersparen. Schon allein bei der Gewerbeanmeldung gibt es zig Punkte zu beachten. Kleinunternehmer – ja oder nein? Freiberufler bzw. Freelancer – ja oder nein? GmbH, GbR oder gar nichts davon?

Aber leider ist das erst der Anfang. Von Dingen wie Steuerzahlung, Buchhaltung, etc. wollen wir gar nicht erst reden. Auch wir arbeiten deshalb seit Jahren mit einem Steuerberater zusammen und sind heilfroh darüber!

Wenn du dich trotzdem selbst etwas in die Themen einarbeiten willst (was wir dir auch grundsätzlich raten, um einen gewissen Durchblick zu bekommen), solltest du mal bei Sebastian von www.wirelesslife.de vorbeischauen. Wir haben ja schon beim Thema »Abmelden« seine Beiträge empfohlen, er beantwortet aber auch viele Fragen zur Firmengründung und zum Steuern zahlen als digitaler Nomade. Wir lieben seine ausführlichen und hilfreichen Infos einfach und schauen immer mal wieder auf seiner Webseite vorbei. Definitiv eine Quelle, der du vertrauen kannst, die keinen Scheiß verbreitet und die im deutschen Internet eigentlich alternativlos ist. Nur zur Information: Sebastian selbst ist kein Steuerberater, hat sich aber über Jahre hinweg tief in diese Bereiche eingearbeitet. Drei mega hilfreiche Beiträge dazu findest du hier:

- Alles über Steuern für digitale Nomaden, Online Unternehmer und Freelancer (https://wirelesslife.de/steuern-digitale-nomaden/)
- Existenzgründung im Internet: Alles zu Behörden, Steuern und Versicherungen (https://wirelesslife.de/existenzgruendung-im-internet/)
- Wo genau bezahlen digitale Nomaden eigentlich Steuern? (https://wirelesslife.de/digitale-nomaden-steuern/)

Beratung von Profis

Wir selbst waren anfangs übrigens als Kleinunternehmer in Deutschland gemeldet, haben aber mittlerweile eine Firma im Ausland gegründet. Warum? Weil wir nicht mehr in Deutschland gemeldet sind, sich unser Lebensmittelpunkt nicht mehr in Deutschland befindet und wir auch nicht mehr von Deutschland aus arbeiten. Für die Unternehmensgründung im Ausland haben wir uns ebenfalls professionelle Hilfe geholt. Zuerst haben wir uns eine super Beratung bei www.staatenlos.ch gegönnt, um eine passende Unternehmensform im Ausland zu finden, anschließend wurden wir mit einer Gründungsagentur verbunden, die sich um alles Weitere gekümmert hat. Gekostet hat uns die Beratung übrigens 357 €. Im Preis war eine mehrstündige Skype-Session enthalten, bis wir die für uns passende Unternehmensform gefunden hatten. Im Nachhinein konnten wir außerdem noch so viele Fragen per E-Mail an das Staatenlos-Team stellen, wie wir wollten. Oben drauf kam dann noch die Gründungsgebühr im Ausland über die Gründungsagentur PMC (Privacy Management Group) für weitere 1700 €. Kein günstiger Spaß, aber für uns war es die vorerst beste Möglichkeit, um uns noch mal ein Stück weit unabhängiger zu machen.

VERTRÄGE KÜNDIGEN (MIETE, HANDY, INTERNET ETC. ...)

Achtung, vielleicht solltest du zuerst etwas meditieren und tief durchatmen. Denn jetzt steht einer der nervenaufreibendsten Punkte der ganzen Vorbereitung an: Verträge und Abos kündigen!

Ungelogen, während dieser Phase passieren Dinge, die eigentlich unmöglich sind. Ist bei dir schon mal ein ganz normaler Brief auf dem Postweg verloren

gegangen? Bei uns wirklich noch nie. Bis zu dem Moment, als wir anfingen, eine Kündigung nach der anderen zu schreiben. Plötzlich kamen zwei Schreiben einfach nicht beim Adressaten an. Zumindest wollten uns das die jeweiligen Ansprechpartner ein paar Tage später am Telefon weismachen.
Deshalb hier direkt der erste Tipp: Kündigungen am besten immer per Einwurf-Einschreiben rausschicken. Kostet zwar etwas mehr, spart am Ende aber jede Menge Ärger. Klar, wir hätten uns so was auch im Voraus denken können, aber wir glauben halt an das Gute im Menschen. Bei Kündigungen hat das Gute aber offensichtlich eine Zeit lang Pause.

Welche Verträge du am Laufen hast und kündigen musst, weißt du natürlich selbst. Damit du nicht aus Versehen einen vergisst, findest du in der Checkliste auf Seite 76 ein paar typische Verbindlichkeiten, die vielleicht auch du abgeschlossen hast. In die zusätzlichen leeren Felder kannst du weitere Verträge eintragen, die speziell auf dich zutreffen.

Hilfreiche Spielregeln

Wir selbst mussten zum Beispiel zwei Handyverträge, einen Internetvertrag, den Mietvertrag, ein Zeitschriftenabo und eine Mitgliedschaft im Fitnesscenter kündigen. Damit wir das alles so schnell und organisiert wie möglich hinter uns bringen konnten, haben wir uns an ein paar simple Spielregeln gehalten, die wir dir jetzt nicht vorenthalten wollen.
Nach dem Versand per Einschreiben ist nämlich der wichtigste Punkt: hartnäckig bleiben! Eine Woche nachdem wir alles rausgeschickt hatten, begannen wir damit, bei den jeweiligen Unternehmen telefonisch nachzufragen, ob die Kündigung bereits eingegangen sei und wann wir mit einer schriftlichen Bestätigung rechnen könnten. War die Kündigungsbestätigung eine weitere Woche später immer noch nicht da, klingelten wir wieder durch und hakten diesmal etwas bestimmter nach. Und wenn uns danach immer noch nichts zugeschickt wurde, was zum Glück nur zweimal vorkam, packten wir die Brechstange aus und forderten ein Gespräch mit dem Vorgesetzten. Danach lag die Kündigung ratzfatz in unserem Briefkasten.

Damit wir bei den ganzen Schreiben und Telefonaten nicht den Überblick verlieren, haben wir alles in einer Excel-Tabelle dokumentiert: wann wir welche Kündigung verschickten, wann und wie oft wir wo anriefen, die Namen der Ansprechpartner, die verschiedenen Aussagen am Telefon und das endgültige Eingangsdatum der jeweiligen Bestätigung. Dadurch hatten wir immer einen super Überblick und wussten zu jeder Zeit ganz genau, wo wir noch nachhaken mussten.

Auf der nächsten Seite findest du übrigens eine Kündigungsvorlage, die du für den Großteil deiner Schreiben verwenden kannst. Wichtig ist nur, dass du daran denkst, die jeweiligen Kunden- und Vertragsnummern auszutauschen.

Ganz speziell: langfristige Verträge …

Doch was ist mit langfristigen Verträgen, die eigentlich noch weiterlaufen würden, während du bereits im Ausland bist? Kommt man da irgendwie vorzeitig raus oder muss man weiterzahlen? Unsere Erfahrung damit: ganz, ganz schwierig! Wir hatten das Problem nur beim Internetvertrag, alle anderen Verträge liefen zum Glück relativ zeitgleich aus. Fürs Internet mussten wir aber noch ganze neun Monate nach unserer Abreise weiterblechen. Wir hatten wirklich zigmal hin und her telefoniert, am Ende sogar mit dem Vorgesetzten des Vorgesetzten gesprochen, nur um immer wieder hören zu dürfen: »Nein, eine außerordentliche Kündigung ist unter Ihren Umständen leider nicht möglich!«

Früher raus kommst du nämlich nur, wenn das jeweilige Unternehmen an deinem neuen festen Auslandswohnsitz (den du ja gar nicht hast, den du aber nennen musst) seinen Dienst nicht bereitstellen kann. Kleines Beispiel dazu: Du hast einen Vodafone-Internetvertrag und dein erstes Reiseziel ist Spanien. Dann wirst du am Telefon ziemlich sicher folgende Antwort bekommen: »Ach, das ist ja super! In Spanien ist Vodafone auch weit verbreitet. Bitte nennen Sie mir doch Ihre genaue neue Anschrift, damit ich die Abdeckung vor Ort überprüfen kann.« Das war's dann vermutlich!

Du könntest jetzt natürlich ein Land angeben, in dem das jeweilige Unternehmen garantiert keinen Sitz hat. Allerdings müsstest du dann nachweisen, dass du dort auch wirklich hinreist. Manchmal reicht dazu ein Flugticket aus, manchmal wird aber auch eine Wohn- oder Arbeitsbescheinigung im Ausland verlangt. Hinzu kommt, dass du dich zwingend in Deutschland abmelden musst, da auch immer eine Abmeldebescheinigung als weiterer Nachweis gefordert wird. Da wir das damals aber nicht wollten, bissen wir am Ende in den sauren Apfel und zahlten zähneknirschend weiter.

Wir haben auch von Leuten gehört, die es mit dem »Trick« versucht haben, sich kurz in Deutschland abzumelden, die Abmeldebescheinigung hinzuschicken und sich danach wieder anzumelden. Das kann klappen, eine Garantie hast du aber nicht und rechtens ist es natürlich auch nicht. Geh also lieber auf Nummer sicher und zahl die restlichen Monate, bis die Kündigung greift. Solltest du dich dagegen sowieso in Deutschland abmelden wollen, ist es auch ohne nachweisbaren Wohnsitz im Ausland durchaus einen Versuch wert, mit dem Vertragspartner zu diskutieren!

KÜNDIGUNGSVORLAGE

Anschrift Unternehmen

Deine Anschrift

Ort & Datum
Geburtstag
Kundennummer

Kündigung meines XY-Vertrags

Sehr geehrte Damen und Herren,

hiermit kündige ich meinen XY-Vertrag mit der Vertragsnummer XXXXXXXX fristgerecht zum nächstmöglichen Zeitpunkt. Bitte senden Sie mir eine schriftliche Bestätigung der Kündigung unter Angabe des Beendigungszeitpunktes zu.

Sofern Ihnen für den betreffenden Vertrag eine Einzugsermächtigung vorliegt, widerrufe ich diese zum Ablauf des Vertrages.

Auch bitte ich Sie freundlich darum, auf jegliche Form der Kontaktaufnahme Ihrerseits zum Zweck der Rückwerbung zu verzichten.

Vielen Dank und freundliche Grüße,

>> Unterschrift einfügen
>> Deinen Namen einfügen

GESETZLICHE KRANKENVERSICHERUNG – WAS PASSIERT DAMIT?

Du hast bereits die ersten Kündigungen geschrieben? Genial! Das war aber leider noch lange nicht alles an Papierkram. Als Nächstes stehen nämlich zahlreiche Versicherungen auf dem Programm. Dabei sorgt vor allem die gesetzliche Krankenversicherung bei vielen für Fragezeichen.

Was machst du also am besten damit? Unsere ehrliche Meinung: Kündige sie! Das Gute an den gesetzlichen Krankenversicherungen ist nämlich, dass sie dazu verpflichtet sind, dich nach einer möglichen Rückkehr wieder aufzunehmen. Egal, ob du super gesund oder krank bist. Wichtig ist nur, dass du bereits vor Antritt deiner Reise gesetzlich pflichtversichert warst.
Da das bei uns beiden der Fall war, sind wir also komplett aus unserer jeweiligen Krankenkasse ausgetreten. Bei Marco genügte dafür ein kurzes Telefonat, anschließend musste er per E-Mail nur noch das Flugticket und den Versicherungsschein der Langzeit-Auslandskrankenversicherung als Nachweis einreichen. Zack, das war's! Bei mir wurde dagegen noch zusätzlich eine Abmeldung aus Deutschland angefordert, die wir aber damals noch nicht hatten. Es war also einiges an Überzeugungsarbeit und sogar ein persönlicher Termin bei einer Geschäftsstelle der Versicherung nötig. Rausgelassen wurden wir aber schließlich beide!

Im Endeffekt liegt es im Ermessen deiner Versicherung, was ihr als Nachweis genügt. Du solltest einfach nur plausibel darlegen können, dass dein neuer Lebensmittelpunkt außerhalb Deutschlands liegt. Rufe dazu am besten einfach mal an, schildere dein Vorhaben und frage nach, welche Unterlagen benötigt werden. Bis jetzt haben wir aber noch nie gehört, dass sich die gesetzliche Versicherung irgendwie quergestellt hätte.

Etwas komplizierter: private bzw. freiwillig gesetzliche Versicherungen

Wie sieht es aus, wenn du privat- oder freiwillig gesetzlich versichert bist? Zunächst liegt es auch hier im Ermessen deiner Versicherung, welchen Nachweis du für den Austritt liefern musst. Allgemein gilt aber bei den meisten privaten Versicherungen eine dreimonatige Kündigungsfrist zum Ende des Versicherungsjahrs. Ein Versicherungsjahr läuft normalerweise vom 01.01. bis zum 31.12. Kündigen müsstest du also vor dem 30. September. Frage dazu aber unbedingt selbst bei deinem Versicherer nach, da sich die Daten manchmal unterscheiden können.
Generell können wir dir im Fall einer privaten Krankenversicherung nicht bedenkenlos zu einer Kündigung raten, denn bei einer Rückkehr nach Deutschland erwarten dich drei große Nachteile.

- Private Versicherungsunternehmen und Versicherungen, bei denen du freiwillig gesetzlich versichert warst, sind nicht dazu verpflichtet, dich nach einem kompletten Austritt wieder aufzunehmen.
- Vermutlich werden sie dich trotzdem wieder versichern, aber nicht im gleichen Tarif. Stattdessen wird er neu berechnet und ganz bestimmt teurer. Grund: Du bist älter geworden. Außerdem erfolgt eine Gesundheitsprüfung, die sich ebenfalls nachteilig auf die Kosten auswirken kann.
- Wenn du mit einer Erkrankung zurückkommst, die dich arbeitsunfähig macht, wird es sehr problematisch und die Beiträge deiner ehemaligen privaten Versicherung werden in schwindelerregende Höhen schießen.

Eine Lösung dafür? Gibt es! Die sogenannte Anwartschaft, die eigentlich jede Versicherung, private wie gesetzliche, anbietet. Dadurch kommst du aktuell aus der Versicherung raus und hast später bei einer möglichen Rückkehr nach Deutschland das Recht, zum gleichen Tarif wieder versichert zu werden. Egal, ob du mit einer Erkrankung zurückkommst, deutlich älter bist oder Ähnliches. Allerdings kostet eine solche Anwartschaft auch einen monatlichen Beitrag. Frage dazu am besten bei deinem Versicherer nach.

Wenn du noch mehr zum Thema lesen möchtest, schau dir doch mal diesen Beitrag an, in dem es, anders als der Name vermuten lässt, auch um die private oder freiwillig gesetzliche Versicherung geht: https://wirelesslife.de/gesetzliche-krankenversicherung-auslandsaufenthalt/ Mehr gebündeltes Fachwissen geht nicht!

WEITERE »ÜBERFLÜSSIGE« VERSICHERUNGEN KÜNDIGEN

Die meisten Menschen haben noch ein ganzes Portfolio an weiteren klassischen Versicherungen. Beliebt sind vor allem Renten-, Arbeitsunfähigkeits-, Haftpflicht-, Unfall-, Hausrat- sowie Schutzbriefversicherungen. Auch werden mittlerweile immer mehr Versicherungen für technische Geräte wie Fernseher, Smartphone, Laptop und Co. abgeschlossen.

Ob all diese Versicherungen wirklich überflüssig sind, das musst du am Ende selbst entscheiden. Es gibt Menschen, die halten von den meisten überhaupt nichts, andere schwören auf jede einzelne Versicherung und dann gibt es Menschen wie uns, die sagen: »Ein paar davon sind sicher nicht schlecht. Im Moment verzichten wir aber lieber darauf, da wir das Geld an anderer Stelle dringender benötigen!«

Schneller drin als wieder draußen

Das Schlimme an diesem ganzen Versicherungsdschungel ist, dass die meisten Versicherungen durch Schreckensszenarien die Ängste der Menschen schüren und genau darüber ihre Kohle verdienen, nach dem Motto: »Wissen Sie, wenn Sie unsere Versicherung abschließen, sind Sie auf der sicheren Seite und müssen im Schadensfall nichts selbst bezahlen!« Völlig krank.

Außerdem wissen sie ganz genau, dass die meisten keine Lust haben, sich detailliert mit den Leistungsbeschreibungen auseinanderzusetzen und einfach gern darauf vertrauen möchten, dass all die Versicherungen im Fall der Fälle schon irgendetwas nützen. Wir können von Glück reden, dass Marcos Vater selbst im Versicherungsbereich tätig ist und uns über jede Versicherung ganz genau aufgeklärt hat!
Aber hey, das hinderte uns leider nicht daran, trotzdem ein paar völlig unnötige Nebenversicherungen abzuschließen. Das beste Beispiel: eine Versicherung für einen Fernseher, der nur wenige hundert Euro kostete. Trotzdem zahlten wir fleißig alle drei Monate einen saftigen Betrag. Wir wurden natürlich auch mit der üblichen Panikmache rumgekriegt. Ziemlich naiv von uns, aber wir sind sicher nicht die Einzigen, denen das passiert ist.

Nötig oder unnötig?

Direkt am Anfang der Vorbereitungen setzten wir uns mit unseren kompletten monatlichen Ausgaben auseinander, listeten alle Versicherungen auf und überlegten gemeinsam, was wir davon in unserem neuen Leben wirklich noch brauchten. Das Ende vom Lied: Wir

haben alles gekündigt, bis auf unsere Haftpflichtversicherung, die bereits international gültig war, und unsere Rentenversicherung.
Doch sogar die Rentenversicherung lösten wir im Laufe der letzten Jahre noch auf. Vielleicht wirst du dir jetzt denken: »Waaas? Die Rentenversicherung? Die Kohle braucht man doch dringend fürs Alter!« Können wir voll verstehen. Unser Anspruch an unsere Rente ist mittlerweile aber ein ganz anderer. Wir wollen im hohen Alter nicht von irgendeiner Versicherung abhängig sein, sondern bis dahin selbst genug Geld auf die Seite legen, um uns keine Sorgen mehr machen zu müssen. Außerdem glauben wir nicht daran, dass das deutsche Rentensystem in 40 Jahren noch in dieser Art bestehen wird. Aber das ist wieder ein ganz anderes Thema!

Langer Rede kurzer Sinn: Schau dir deine Versicherungen ganz genau an, überlege, ob sie das Geld wirklich wert sind, und frag vor allem nach, ob sie auch greifen, wenn du im Ausland bist. Du wirst dadurch ganz bestimmt ein paar Versicherungen ohne schlechtes Gewissen aussortieren können.
Auch hierbei hilft dir unsere Kündigungsvorlage. Überprüfe außerdem noch die Kündigungsfristen auf deinen Versicherungsverträgen. Diese können nämlich von einem Monat bis zu einem Jahr variieren!

AUSLANDS-KRANKENVERSICHERUNG UND HAFTPFLICHT

Nachdem du hoffentlich erfolgreich ein paar Versicherungen loswerden konntest, darfst du jetzt direkt wieder welche abschließen! Toll, oder? Gerade noch schießen wir gegen Versicherungen und jetzt wollen wir dir auf einmal selbst welche andrehen. Tja, so verdient man heutzutage sein Geld als Blogger!

Nee, aber mal Spaß beiseite. Komplett ohne jegliche Versicherungen geht's halt doch nicht. Auch nicht als digitaler Nomade. Wirklich wichtig sind aber unserer Meinung nach nur diese zwei:

1. Langzeit-Auslandskrankenversicherung
2. Internationale private Haftpflichtversicherung

Die Langzeit-Auslandskrankenversicherung

Daran führt einfach kein Weg vorbei. Sie ist praktisch dein »Retter in der Not«, wenn du mal zum Arzt oder ins Krankenhaus musst und die Kosten nicht selbst tragen willst. Natürlich möchten wir jetzt keine Angst schüren, nachdem wir das genau eine Seite zuvor kritisiert haben. Trotzdem kann es mal passieren, dass du im Ausland die nächste Arztpraxis aufsuchen musst. Dafür reicht ja oft schon eine stärkere Grippe, ein Magen-Darm-

Virus oder Ähnliches. Außerdem ist die Chance, auf Reisen zu kränkeln, immer etwas höher: andere Bakterien, anderes Klima und anderes Essen. An all das muss sich der Körper erst einmal gewöhnen.

Auch wir hatten damit schon ein paar uncoole Erfahrungen. Sara musste in Frankreich ein Zahn gezogen werden, ich lag in Thailand für ein paar Stunden mit einer üblen Lebensmittelvergiftung im Krankenhaus und einmal waren wir beide mit hohem Fieber ans Bett gefesselt. In diesen Momenten waren wir um unsere Auslandskrankenversicherung mehr als froh, da die Kostenübernahme super geklappt hat und es am Ende ein paar hundert Euro waren, die wir erstattet bekamen.

Es gibt bei der Suche nach einer passenden Versicherung allerdings ein paar Punkte, die du beachten solltest.

Selbstbeteiligung: Das bedeutet, dass du die Behandlungskosten bis zu einem bestimmten Betrag selbst zahlen musst. Alle Kosten, die über diesem Betrag liegen, übernimmt die Versicherung. Je nach Vertrag variiert die Selbstbeteiligung meist zwischen 0 € und 50 €. Bei 0 € musst du überhaupt keine Kosten übernehmen, dafür wird der Beitrag aber auch teurer.

Versicherung mit oder ohne USA & Kanada: Die meisten Versicherer unterscheiden bei ihrer Preiskalkulation zwischen zwei verschiedenen Regionen. Entweder »ganze Welt + USA & Kanada« oder »ganze Welt ohne USA & Kanada«. Solltest du dich für eine Versicherung inklusive dieser beiden Länder entscheiden, wird sie deutlich teurer, da deren Gesundheitssystem einfach eine Katastrophe ist.

Dauer & Gültigkeit: Die meisten Langzeitkrankenversicherungen fürs Ausland haben eine Dauer von einem bis zu fünf Jahren. Wie lange genau ist am Ende von dir abhängig, du kannst es beim Abschluss der Versicherung selbst entscheiden. Der tägliche Versicherungspreis steigt mit längerer Versicherungsdauer etwas an. Wichtig zu wissen: Du kannst die Versicherung nach Ablauf der vertraglich festgesetzten Zeit meist einmal verlängern! Danach klappt's nicht mehr.

Versicherungsschutz in Deutschland: Ganz wichtiger Punkt! Es gibt einige Anbieter, bei denen ein Heimatbesuch nicht abgedeckt ist. Solltest du zwischen den Reisen also mal Familie und Freunde besuchen wollen, wärst du in Deutschland nicht versichert. Ziemlich blöd! Frage deshalb unbedingt bei der jeweiligen Versicherung nach, ob sie mögliche Kosten auch für einen bestimmten Zeitraum in Deutschland übernehmen. Wenn ja, ist der Versicherungsschutz in Deutschland aber maximal auf sechs Wochen pro Jahr begrenzt.

Wichtig zu wissen: Zwei beliebte Versicherer für eine Langzeit-Auslandskrankenversicherung sind zum Beispiel STA Travel und Hanse Merkur. Sie bieten unterschiedliche Pakete zu unterschiedlichen Preisen an. Wir selbst sind sehr zufrieden mit STA.

Unbedingt beachten: Du musst die Reiseversicherung grundsätzlich vor der Reise – nicht erst währenddessen – abschließen! Es gibt zwar auch einige wenige Versicherer, die dir noch nach Einreise die Möglichkeiten dazu bieten, aber das kommt dich entsprechend teurer.

Als mögliche Alternative zur klassischen Langzeit-Auslandskrankenversicherung gibt es außerdem sogenannte internationale Versicherungen. Diese decken zwar in jedem Land dauerhaft ab (auch in Deutschland), bieten deutlich mehr Zusatzleistungen an (vor allem bei Zahnproblemen und Vorsorgeuntersuchungen), sind aber wirklich schweineteuer. Sie lohnen sich unserer Meinung nach erst dann, wenn du dauerhaft aus Deutschland raus willst und dir bereits einen ganz guten, monatlichen Verdienst erarbeitet hast.

Internationale private Haftpflichtversicherung

Eine private Haftpflicht wirst du vermutlich schon haben. Wichtig ist nur, dass sie auch international gilt. Frage dazu unbedingt bei deinem Versicherer nach.

Wenn nicht, solltest du dich auf die Suche nach einer neuen Versicherung machen, die während deiner Auslandsaufenthalte greift.
Falls du noch keine Haftpflicht hast, hier eine kurze Erklärung: Solltest du dem Besitz einer anderen Person oder der Person selbst unabsichtlich Schaden zufügen, kommt die Haftpflicht dafür auf. Beispiel: Du fährst mit dem Fahrrad in Thailand, baust einen Unfall und zerkratzt dabei ein Auto. In diesem Fall springt die Haftpflicht ein und übernimmt die am Auto entstandenen Schäden für dich.

Ein moderner und sehr transparenter Haftpflichtversicherer, der auch die Kosten von Schäden im Ausland übernimmt (inkl. Drohnenunfälle), sind die »Haftpflicht Helden«. Weltweit bist du bei ihnen bis zu fünf Jahre versichert. In Europa unbefristet. Auch geil: Selbst wenn du in Deutschland abgemeldet bist, kannst du dich über dieses Unternehmen versichern lassen. Du benötigst nur eine Postanschrift und keine Meldeadresse!

WOHNUNG AUFLÖSEN UND AUTO VERKAUFEN

Unsere Wohnung aufzulösen war für uns einer der schwierigsten Schritte in der gesamten Vorbereitungsphase. Nicht nur, weil wir sämtliche Möbel erst ein Jahr zuvor neu gekauft und viel Geld dafür ausgegeben hatten, sondern auch, weil wir uns anfangs kaum von etwas trennen konnten. Nicht mal von eigentlich unbedeutenden Dingen. Zum Glück machten wir beim Auto weniger Theater!

In unserer Wohnung schien plötzlich alles nur noch »gut« oder »nützlich« zu sein. Der häufigste Satz in dieser Zeit war: »Vielleicht brauchen wir es ja irgendwann wieder. Lass mal noch aufheben!« Ein Satz, der uns immer wieder zurückhielt. Aber passt das zusammen? Auf der einen Seite grenzenlose Freiheit fordern, auf der anderen Seite sich nicht mal von ein paar Schuhen trennen können? Irgendwie nicht so richtig!

Das Ganze ging dann einige Wochen so weiter, bis Sara eines Tages komplett ausrastete und es plötzlich von einer Sekunde auf die andere Klick machte. Wir standen mal wieder in unserer Wohnung, hatten zwei große Beutel in der Hand und die gleiche Leier ging von vorne los: »Das hier ist noch toll!« – »Das will ich unbedingt behalten!« – »Das da können wir auch nicht wegschmeißen. War doch ein Geburtstagsgeschenk!«

Ein kleines Messie-Problem?

Plötzlich platzte Sara der Kragen: »Verdammte Scheiße! Wenn das hier so weitergeht, stehen wir am Auszugstag noch hier, haben immer noch die kack Beutel in der Hand und die Wohnung ist immer noch bumsvoll! Was ist nur los mit uns?!« Sie hatte so was von recht! Nachdem wir beide wieder klar denken konnten, redeten wir zum ersten Mal wirklich intensiv über unser kleines »Messie-Problem« und stellten fest, wie krass konsum- und besitzgesteuert wir waren. Wir erkannten, dass wir alles Mögliche in unsere Besitztümer reininterpretierten, um sie nur ja nicht weggeben zu müssen. Als würden unsere Herzen an ein paar Tupperdosen hängen! An diesem Tag legten wir eine ziemlich eindeutige Regel fest:

Alle Gegenstände, zu denen wir keine extrem tiefe, innere Bindung haben, fliegen raus! Ohne Wenn und Aber!

Endlich frei von altem Ballast

Genau so war es dann auch. Plötzlich gab es kein Halten mehr, und wir sortierten am Ende sogar viel mehr aus, als wir ursprünglich geplant hatten! Es tat einfach gut. Zum ersten Mal in unserem Leben ließen wir richtig los. All den unnötigen Besitz und damit auch ein Stück weit unser altes Leben. Jedes Teil, das in einem Sack landete, bedeutete für uns weniger Abhängigkeit und mehr Freiheit! Überflüssige Decken, Küchenequipment und Kleidung verschenkten wir an eine Bahnhofsmission und an Flüchtlingsheime, Möbel verkauften wir komplett, unbrauchbaren Kleinkram schmissen wir in den Müll und am Ende standen nur noch vier Kisten voller Erinnerungsstücke neben uns. Mehr nicht. Wir können gar nicht in Worte fassen, wie gut wir uns fühlten!

Solltest du also auch ein ähnliches Problem zu Beginn der Wohnungsauflösung haben, überlege einfach mal aus dem Herzen heraus, warum du an dem ganzen Zeug so festhältst. Macht es dich wirklich glücklich? Wenn du diese Frage nicht mit Ja beantworten kannst – ab in den nächsten Sack damit!

Bevor du aber nun selbst loslegst, beachte unbedingt deine Kündigungsfrist für die Wohnung. In den allermeisten Fällen beträgt sie drei Monate. Kündige deshalb lieber früher als später. Wenn der Auszug vorbei ist, denke außerdem daran, innerhalb von zwei Wochen ins Einwohnermeldeamt zu spazieren und dich entweder auf eine andere Adresse um- oder komplett abzumelden.

Ein Leben ohne Auto

Kommen wir jetzt noch auf den liebsten Besitz der meisten Deutschen zu sprechen – das gute, alte Auto! Uns davon zu trennen fiel uns beiden glücklicherweise leicht. Zumindest vom Gefühl her.

Es nervte uns nämlich schon länger, weil es einfach eine Menge Geld kostete, häufig Ärger bereitete, gleichzeitig viel zu oft ungenutzt herumstand und trotzdem irgendwie gebraucht wurde. Das Ding loszuwerden war am Ende eine noch größere Erleichterung, als die Wohnung aufzulösen!

Wir können allerdings verstehen, wenn du dein Auto vorerst behalten willst. Vor allem, wenn du auf Heimatbesuch bist und dich eher in den ländlichen Regionen rumtreibst, ist es fast unverzichtbar. Wir möchten dir deshalb kurz drei gute Möglichkeiten aufzeigen, wie du dein Gefährt auch langfristig behalten kannst.

Auto für die Reise abmelden: Das geht ziemlich fix und einfach in deiner Kfz-Zulassungsstelle. Sie schickt sogar automatisch ein Schreiben an deine Kfz-Versicherung raus, die dadurch deinen Versicherungsvertrag beendet, ohne dass du etwas dafür tun musst. Optimal! Einen wichtigen Hinweis gibt es trotzdem: Sobald du das Auto abgemeldet hast, darfst du es nicht auf öffentlichen Straßen oder Parkplätzen stehen lassen. Es muss stattdessen auf einem privaten Grundstück wie einem Innenhof oder einer Garage abgestellt werden. Ohne Wohnung allerdings schwierig. Vielleicht haben ja Freunde oder Eltern einen Platz frei?

Eine Vertrauensperson bestimmen: Du willst das Auto nicht abmelden, um es irgendwo stehen zu lassen? Dann kannst du per Vollmacht eine Vertrauensperson dafür benennen. Diese muss dadurch keine wirkliche Verantwortung übernehmen, sollte allerdings Post in deinem Namen empfangen können. Zum Beispiel von der Kfz-Versicherung. Außerdem musst du dann weiter für die Versicherung bezahlen.

Das Auto an Freunde oder Bekannte vermieten: eine Idee, die sich im ersten Moment ganz praktisch anhört, am Ende aber vielleicht nicht die beste Option ist. Zumindest nicht, wenn deine Versicherung keinen Zweitfahrer duldet. Kläre das also vorher unbedingt ab. Passiert nämlich etwas ohne Zweitfahrerversicherung, bleibst du am Ende auf sämtlichen Reparaturkosten sitzen!

INTERNATIONALEN FÜHRERSCHEIN BEANTRAGEN

Einen internationalen Führerschein solltest du unbedingt im Voraus beantragen. Vorausgesetzt, du bist im Besitz eines normalen deutschen Führerscheins. Sonst funktioniert es natürlich nicht.

Der internationale Führerschein ist vor allem dann wichtig, wenn du im Ausland ein Auto, einen Campervan oder einen Roller leihen willst. Nicht nur die Mietfirmen wollen ihn sehen, sondern vor allem auch die Polizei bei Verkehrskontrollen. In Südafrika wurden wir zum Beispiel öfter kontrolliert und jedes Mal musste ich den internationalen Lappen vorzeigen.

Ausnahmen gibt es immer

Auch wenn der internationale Führerschein in vielen Ländern gültig ist, gibt es immer ein paar Ausnahmen. In Japan, Thailand oder China wird er zum Beispiel nicht anerkannt und du bekommst nur über Umwege eine Fahrerlaubnis. In Thailand juckt das allerdings niemanden. Weder den Verleih noch die Touristen. Nur die Polizei, die dir bei einer Verkehrskontrolle um die 10 € abknöpft, dich anschließend aber weiterfahren lässt. Thailand halt! Erkundige dich deshalb immer im Vorfeld, ob du damit im jeweiligen Land fahren darfst.

Eine gute Gültigkeitsübersicht gibt es hier: www.billiger-mietwagen.de/ faq/internationaler-fuehrerschein.html/

Rund um die Beantragung

Beantragen kannst du ihn übrigens bei deiner zuständigen Führerscheinstelle bzw. deinem Straßenverkehrsamt. Im Gegensatz zum normalen Führerschein bekommst du den internationalen sofort ausgestellt und musst nicht mehrere Wochen warten. Mitbringen musst du zur Beantragung deinen Ausweis, ein biometrisches Passfoto, deinen normalen EU-Kartenführerschein und ca. 16 €. Die Preise unterscheiden sich allerdings je nach Bundesland etwas. Bei uns in Augsburg werden aktuell 16,30 € fällig, in Hamburg sind es dagegen 16,90 €. Den genauen Preis kannst du ganz einfach auf der Webseite der jeweiligen Behörde herausfinden oder durch ein kurzes Telefonat. Ist der internationale Schein ausgestellt, gilt er für drei Jahre. Danach musst du ihn dir erneut ausstellen lassen. Solltest du dich außerdem in Deutschland abmelden wollen, beantrage den internationalen Führerschein unbedingt vorher. Danach wird es nämlich ziemlich kompliziert und auch deutlich teurer.

Noch ein Wort zum Rollerfahren

Auch wenn es nichts mit der Beantragung zu tun hat, wollen wir zum Schluss dieses Unterkapitels trotzdem ein paar kurze Worte zum Rollerfahren mit dem internationalen Führerschein loswerden. Vor allem in Südostasien ist der Roller ein sehr beliebtes Transportmittel. Wenn du allerdings keinen Motorradführerschein hast und er somit auch nicht in deinem internationalen Lappen eingetragen ist, darfst du offiziell nur sogenannte Kleinkrafträder mit einem Hubraum von bis zu 50 ccm und einer Maximalgeschwindigkeit von bis zu 45 km/h fahren. Vor Ort haben die meisten Roller aber immer zwischen 100 und 125 ccm und sind deutlich schneller. Du bekommst sie zwar problemlos ausgeliehen, fahren darfst du damit eigentlich nicht. Solltest du nämlich einen Unfall bauen, zahlt zwar die Krankenversicherung für die ärztliche Versorgung, die Haftpflicht wird aber nicht die Kosten für entstandene Schäden an deinem Roller oder dem Fahrzeug anderer übernehmen. Ein gewisses Risiko ist also immer vorhanden!

WAS PASSIERT MIT DER POST?

Gute Frage! Wenn alles glatt läuft und du deine Verträge gekündigt hast, solltest du sowieso kaum noch Post bekommen und kannst das meiste in Zukunft online regeln. Trotzdem passiert es immer mal wieder, dass ein Brief an dich adressiert ist. Zum Beispiel von einer Bank oder deinen übrigen Versicherungen.

Doch wohin sollen die Briefe in Zukunft gesendet werden, wenn du kein eigenes Heim mehr in Deutschland hast? Dafür gibt es zwei Möglichkeiten.

Na klar. Die Eltern!

Auch wir lassen die wenigen Briefe, die wir bekommen, an die Adresse unserer Eltern schicken. Das ist sicher die einfachste und günstigste Möglichkeit. Vorausgesetzt, deine Eltern haben Lust dazu und du hast kein Problem damit, in dieser Hinsicht auf sie angewiesen zu sein. Wir selbst bekommen so wenig Post, dass es gar nicht der Rede wert ist. Und wenn sich doch mal ein Briefchen zu ihnen verirrt, freuen sie sich darüber, den Kindern am anderen Ende der Welt einen Gefallen tun zu können. Mittlerweile haben nämlich auch unsere Eltern WhatsApp sowie Facebook und können uns sogar Fotos schicken. Unglaublich, oder? Unser Lebenswandel hat also nicht nur uns ein gutes Stück weitergebracht, sondern auch unsere Lieben ins 21. Jahrhundert katapultiert. Zumindest ein bisschen.

Der digitale Briefkasten

Jap, richtig gelesen. Du kannst einen digitalen Briefkasten buchen. So was gibt's heutzutage. Der beliebteste Anbieter dafür ist die Firma Dropscan. Statt zu deinen Eltern kannst du zukünftige Briefe einfach an die Adresse von Dropscan senden lassen. Dort wird der Umschlag des jeweiligen Briefes gescannt, du kannst ihn dir anschließend online in deinem privaten, digitalen Briefkasten anschauen und nun selbst entscheiden, ob Dropscan ihn für dich öffnen und komplett in dein Postfach laden soll. Du kannst aber auch sagen »Ist eh nur Werbung. Weg damit!«, dann wird der Brief vernichtet. Ist er außerdem zu privat und du willst nicht, dass ihn eine unbekannte Person öffnet, kannst du ihn von Dropscan auch ganz einfach an eine andere Adresse weiterleiten lassen. Mega praktisch, oder? Früher oder später werden wir definitiv auch auf so einen digitalen Briefkasten umsteigen. Außerdem ist der ganze Spaß gar nicht so teuer. Los geht's bereits ab 12,90 € im Monat.

Die neue Postanschrift mitteilen

Egal, für welche Möglichkeit du dich am Ende entscheidest, nach der Auflösung deiner Wohnung solltest du auf jeden Fall sämtlichen Firmen, Versicherungen oder Banken deine neue Postanschrift mitteilen. Entweder die von Dropscan oder die deiner Eltern oder auch die von Freunden. Je nachdem, wo deine Post in Zukunft hingehen soll. Vergisst du das, geht die Post ins Leere und landet irgendwann wieder beim Absender.

Um die Zeit zwischen der Auflösung der Wohnung und den Änderungen der Postanschrift zu überbrücken, können wir dir außerdem den Nachsendeauftrag der Deutschen Post empfehlen. Du erlaubst ihr dadurch, dass sie all deine Briefe ab dem Tag des Auszugs an eine von dir festgelegte Adresse (deine zukünftige Postanschrift) schickt. Du kannst die Dauer des Nachsendeauftrags selbst wählen. Möglich sind sechs, zwölf oder 24 Monate. Genug Zeit, um deine Anschrift überall aktualisieren zu lassen. Aber was quatschen wir hier eigentlich so lang? Vermutlich kennst du den Nachsendeauftrag sowieso schon. Und wenn nicht, hast du nun hoffentlich ein Fragezeichen weniger auf deiner Liste!

4. Kapitel
Allgemeine Reisevorbereitungen treffen

Bürokratie abgehakt? Perfekt! Dann sollten wir jetzt mal über die Reisevorbereitung sprechen. Denn auch da gibt's einiges zu erledigen. Mit dem kleinen, aber feinen Unterschied, dass vieles davon nicht halb so mühselig ist wie der ganze Bürokratie-Dschungel. Vom Sparen mal abgesehen!

Jetzt warten nämlich Aufgaben auf dich wie Flug und Unterkunft für die ersten paar Nächte buchen, den idealen Reiserucksack wählen (falls du noch keinen hast), die passende Packliste erstellen, damit du dich nicht mit zu viel Zeug abschleppst, das du am Ende gar nicht brauchst, eventuell ein Visum beantragen und vieles mehr.

Weißt du, was das Schöne an diesen To-Dos ist? Die Vorfreude! Du denkst dadurch ganz automatisch immer wieder an den Tag, an dem du mit deinem Rucksack am Flughafen stehen wirst und auf das Boarding wartest. Bei uns war das auch so. Erst recht, als wir unser zweimonatiges Thailandvisum bei der Botschaft in München abholten – das zauberte uns einfach ein fettes Grinsen ins Gesicht.

Vor all den konkreten Schritten steht allerdings das Sparen. Denn wir gehen mal davon aus, dass du nicht plötzlich geerbt oder einen reichen Sponsor im Hintergrund hast. An unserem Beispiel siehst du aber, dass es selbst mit den ungünstigsten Vorzeichen funktioniert, wenn ein starker Wille und der feste Glaube an dein Ziel vorhanden sind. Die meisten müssen bei null anfangen. Lass dich auch von kleineren Rückschlägen nicht entmutigen, du schaffst das!

JETZT IST DIE KONKRETE PLANUNG DRAN

Um dich so effektiv wie möglich auf die Reise vorzubereiten, haben wir wieder eine kleine Checkliste mit den wichtigsten Punkten erstellt, an der du

dich Stück für Stück entlang hangeln kannst. Genauere Infos zu den meisten Schritten findest du dann auf den nächsten Seiten.

Auch bei dieser Checkliste gilt natürlich, dass du sie auf www.loveandcompass.de/love-compass-buch-checklisten/ downloaden kannst. In welcher Reihenfolge du beim Abhaken vorgehst, bleibt ganz dir überlassen. Trotzdem haben wir uns bei der Anordnung bzw. der Reihenfolge etwas gedacht. Vor allem das Sparen dauert am längsten und sollte so früh wie möglich in Angriff genommen werden. Deshalb steht dieser Punkt auch ganz oben auf der Liste. Auch bei den Flügen, den Unterkünften und den Kreditkarten würden wir an deiner Stelle nicht zu lange zögern. Besonders wichtig sind Visum und Impftermin, je nachdem, wo du hinfliegst. Das musst du zum Teil wochenlang vorher angehen. Allgemein gilt: Erledige am besten zuerst alles, wo du von anderen abhängig bist, und packe dann den Rest an.

CHECKLISTE »REISEVORBEREITUNG«

- O Klare Sparziele bis zum Beginn der Reise festsetzen
- O Jeden Monat einen festgelegten Betrag beiseitelegen
- O Flug buchen (One-Way-Ticket)
- O Die erste Unterkunft für zwei bis drei Tage buchen
- O Zwei bis drei Reisekreditkarten beantragen
- O Eventuell Visum für das erste Land, in das du reisen möchtest, besorgen
- O Beratung beim Tropenmediziner über nötige Impfungen ausmachen
- O Bei der Krankenkasse nachfragen, bei welchen Impfungen die Kosten übernommen werden und welche du aus eigener Tasche bezahlen musst
- O Folgende Reiseimpfungen geben lassen:
    - o ....
    - o ....
    - o ....
    - o ....
    - o ....
    - o ....
- O Einen guten Reiserucksack wählen
- O Eine individuelle Packliste erstellen
- O Wichtige Dokumente kopieren & online speichern
- O Nützliche Reiseapps downloaden

EFFEKTIV GELD SPAREN

Fangen wir mit der größten und langwierigsten Aufgabe der ganzen Vorbereitung an: genügend Geld auf die Seite zu legen. Leider unverzichtbar, wenn du, wie die meisten, über kein dickes Sparkonto verfügst. Die Herausforderung dabei: Sparen erfordert jede Menge Disziplin und Selbstbeherrschung. Deshalb hören viele wieder auf, bevor sie überhaupt richtig angefangen haben.

Du bist jetzt aber an dem Punkt deiner Planung angekommen, an dem kein Weg mehr daran vorbeiführt. Wenn du bis jetzt noch keine Erfahrung mit dem Thema gemacht hast, dann solltest du es jetzt lernen. Na ja, besser gesagt, du MUSST es lernen. Ohne etwas Geld auf der Seite ist das Risiko eines solchen Neuanfangs nämlich doch zu hoch.
In diesem Abschnitt geben wir dir deshalb Tipps an die Hand, mit denen auch wir innerhalb weniger Monate einige tausend Euro auf die Seite legen konnten!

Einen Überblick über monatliche Einnahmen und Ausgaben verschaffen

Nichts ist wichtiger als das! Wenn du keinen Überblick über all deine Kosten und Einnahmen hast, brauchst du eigentlich gar nicht ans Sparen zu denken. Hört sich hart an, ist aber wirklich so. Nimm dir also ruhig ein paar Stunden Zeit, mach eine Tabelle, stelle dort Einnahmen und Ausgaben gegenüber und geh alles Schritt für Schritt durch. Vor allem die monatlichen Kosten solltest du ganz genau aufschlüsseln und in unterschiedliche Kategorien aufteilen. Das könnte dann vielleicht so aussehen:

Autokosten pro Monat: 500 €
- Benzinkosten: 100 €
- Kfz-Versicherung: 120 €
- Leasing-Kosten: 200 €

Kosten für Strom/Telefon pro Monat: 90 €
- Strom: 55 €
- Telefon: 34,99 €

Kosten für Spaß pro Monat: 320 €
- Partys & Feiern: 150 €
- Kino: 30 €
- Schwimmbad: 40 €
- Auswärts essen gehen: 100 €

Kosten für Kleidung pro Monat: 180 €
- Pullover: 50 €
- Hosen: 100 €
- Unterwäsche: 30 €

So ziehst du das komplett durch, bis du wirklich alle Ausgaben exakt aufgeschlüsselt hast. Das Ziel ist, dass du am Ende sofort erkennen kannst, wo dein ganzes Geld hinfließt. Am besten wäre es sogar, wenn du den Überblick nicht nur für den vorigen Monat erstellst, sondern mehrere für die letzten drei bis vier Monate anfertigst. Das ist noch mal deutlich aussagekräftiger! Zwar ist es oft im Nachhinein schwierig nachzuvollziehen, wofür du damals dein Geld ausgegeben hast, aber wenn es dir doch gelingt, umso besser!

Ausgaben reduzieren!

Meist geht das viel leichter, als man denkt. Vor allem, wenn du erst einmal den Monatsüberblick erstellt hast. Nun erkennst du auf einen Blick, welche laufenden Kosten fix sind (Miete, Strom, Festnetzanschluss, Handyvertrag, Versicherungen, Kfz-Steuer ...) und welche nicht zwingend notwendig wären. Wir sind jedenfalls damals fast vom Stuhl gefallen, als wir zum ersten Mal schwarz auf weiß sehen konnten, wie viel Geld wir im Monat zum Fenster rausschmissen. Wie oft wir einfach nicht nachdachten und blind konsumierten! Dabei war es bei uns nicht mal das klassische Shopping, sondern es kamen hauptsächlich viele Kleinigkeiten zusammen, die am Ende auch eine große Summe ausmachten. Hier mal Kino, dort mal ins Fußballstadion, da mal zum Konzert, fast jedes Wochenende feiern und dazwischen dann doch mal ein bisschen shoppen, obwohl Kleider- und Schuhschrank wirklich voll waren.
Eigentlich ist das alles ja auch schön und gut. Schließlich soll man vor lauter Sparen nicht das Leben vergessen. Zumindest nicht, wenn man alles in Maßen macht. Das war bei uns aber definitiv nicht der Fall und wir glauben, vielen anderen geht es genauso.
Durch den Monatsüberblick konnten wir erkennen, wo wir ansetzen müssen. Und zwar an vielen Stellen! Schau dir also deinen Überblick genau an, und stelle dir immer wieder zwei Fragen:

- Hilft mir das dabei, mein Traumleben zu verwirklichen?
- Brauche ich das hier dringend für die Zukunft?

Wenn du beide Fragen mit »Nein« beantworten kannst, dann spar dir das Geld in Zukunft lieber. Ungelogen, wir haben dadurch 80 bis 90 Prozent unserer monatlichen Ausgaben für Vergnügen und Spaß reduzieren können, sind am Ende aber auch wirklich die Hardliner-Schiene gefahren und haben auf fast alles verzichtet. Das muss bei dir natürlich nicht ganz so krass sein! Wie gesagt: Ein bisschen Spaß zu haben gehört weiterhin dazu. Wichtig ist nur, dass du ganz klare Prioritäten setzt. Es ist ja schon jede Menge geschafft, wenn du deine Kosten dafür bereits um 50 bis 70 Prozent reduzieren kannst!

Ein monatliches Budget festlegen

Wir sind absolute Fans von monatlichen Budgets, haben damit selbst ein halbes Jahr vor unserer Reise angefangen und

ziehen es seither knallhart jeden Monat durch. Also schon seit über drei Jahren. Dadurch schaffen wir es immer wieder ganz automatisch, am Ende des Monats Geld auf die Seite zu legen.
Ausrechnen kannst du ein Budget aber nur, wenn du dir den erwähnten Überblick verschaffst und dir schon Gedanken zur Reduzierung deiner Ausgaben gemacht hast.

Kleines (obligatorisches) Beispiel: Du verdienst im Monat 2000 € netto und hattest bis jetzt jeden Monat Ausgaben von 1800 €. Nachdem du dir einen Überblick verschafft hast, konntest du feststellen, dass du locker 500 € im Monat weniger ausgeben kannst. Also setzt du dein monatliches Budget nun auf 1300 € fest. Übrig bleiben 700 €, die direkt auf die hohe Kante wandern. Pro Monat! Das ist doch schon mal was, oder?

Um am Ende das monatliche Budget auch wirklich einzuhalten, führt übrigens kein Weg daran vorbei, sämtliche Ausgaben penibelst zu dokumentieren. Wir machen das über die App »Money Control«, in der wir unser Budget sowie tägliche Ausgaben eintragen und somit immer einen optimalen Finanzüberblick bekommen. Außerdem errechnet die App automatisch ein Tagesbudget. Super hilfreich! Kosten für die App: aktuell einmalig 3,49 € für unbegrenzt viele Einträge im Monat. Es gibt auch eine kostenlose Testversion.

Klare Ziele setzen

Ein ganz wichtiger Punkt! Ohne richtiges Ziel vor Augen sparst du nämlich planlos vor dich hin und legst jede Woche nur das auf die Seite, »was halt so übrig ist«. Wir können dir dazu aber gleich eines sagen: Am Ende wird so kaum etwas zusammenkommen.
Setz stattdessen einen bestimmten Betrag fest, den du bis zum Start deiner Reise unbedingt beisammen haben musst. Wir schreiben hier absichtlich

»musst«, weil es einfach viel dringender und zwingender klingt. Und das sollte es auch sein, wenn du deinen Traum verwirklichen willst.
Dieses große Gesamtziel kannst du anschließend in verschiedene Unterziele aufteilen. Der Vorteil dadurch: Du hast immer wieder kleine Erfolgserlebnisse, wenn du einen dieser Zwischenschritte erreichst. Das gibt nicht nur ein gutes Gefühl, sondern spornt an, mit dem Sparen weiterzumachen. Außerdem hast du immer einen Überblick über deinen aktuellen Spar-Stand. Das kann so aussehen:

Das große Gesamtziel:
15.000 € bis zum Start der Reise

Kleinere Unterziele:
- 500 € Ersparnis im ersten Monat durch Verzicht auf neue Klamotten und indem du nur noch einmal pro Woche ausgehst
- 3000 € Ersparnis nach 4 Monaten durch zusätzlichen Verzicht auf teure Kosmetik und indem du das Auto abmeldest oder viel weniger benutzt
- 6000 € Ersparnis nach 8 Monaten durch zusätzliche Auflösung von zwei überflüssig gewordenen Versicherungen und der Auflösung deiner Wohnung
- usw.

Am besten schreibst du dir deine Sparziele auf einen großen Zettel, den du immer wieder zur Hand nehmen kannst. In Situationen, wo es mit dem Sparen gerade etwas schlechter läuft, kann das kleine Wunder bewirken, weil man plötzlich feststellt: »Shit! Wenn ich mich jetzt nicht wieder am Riemen reiße, werde ich das Ziel nie erreichen!«

Verkaufe so viel, wie nur geht!

Auf dieses Thema sind wir ja bereits im Abschnitt »Wohnung auflösen und Auto verkaufen« ausführlicher eingegangen. Trotzdem auch hier noch mal ein paar Worte: Hau einfach alles raus, was möglich ist, und heb nur die liebsten Erinnerungsstücke auf! Egal, ob du es über Ebay versuchst oder das Zeug ins Sozialkaufhaus oder auf den Flohmarkt trägst! Wir konnten so sogar ewig alte DVDs und ziemlich gebrauchtes Küchenequipment für ein paar Euro loswerden.

Ach ja, einen kleinen Geheimtipp, wie du schnell deine Möbel loswirst, haben wir auch noch für dich! Zumindest hat es bei uns richtig gut geklappt. Wir haben ein kurzes Video gedreht, in dem wir alle Möbel zeigten, den gewünschten Preis nannten und sie zum Verkauf anboten. Anschließend wurde es bei YouTube hochgeladen und von Freunden, Familie und Bekannten in Facebook geteilt. Das Ding ging in Augsburg völlig viral, hatte Tausende Aufrufe und wurde sogar in Uni-Foren gepostet. Das Ergebnis: Nach wenigen Tagen hatten wir alles verkauft! Einfach alles.

Öfter selbst kochen

Viele Menschen neigen dazu, nach der Arbeit zum Essen zu gehen, anstatt sich vor den Herd zu stellen. Wir können das voll und ganz nachvollziehen! Auch wir sind früher immer wieder der Versuchung erlegen und haben uns lieber schnell eine Pizza geholt, anstatt zu kochen. Das Problem dabei: Es geht tierisch ins Geld. Schon drei belegte Brötchen kosten heutzutage ja locker über 10 €. Wenn wir im Vergleich dazu für dasselbe Budget im Supermarkt einkaufen, springt dagegen Essen für zwei komplette Tage und nicht nur für eine Mahlzeit raus. Zumindest, wenn man etwas aufs Geld achtet. Auf lange Sicht kannst du dadurch einfach jede Menge Kohle zur Seite legen.

Auto abmelden oder weniger fahren

Auch dieses Thema hatten wir schon im dritten Kapitel angesprochen: Einer unserer größten Geldfresser war das Auto! So groß, dass wir am Ende mehr als erleichtert waren, als die Karre endlich weg kam. Schließlich zahlten wir jeden Monat eine Finanzierungsrate, eine Vollkaskoversicherung und Spritgeld. Zusammen waren das schnell mal 500 €. Minimum. Eigentlich völlig irre, oder?
Das heißt jetzt nicht, dass du es genauso machen musst. Manchmal braucht man das Auto einfach. Oft hilft es aber schon, einfach etwas weniger zu fahren und nur ins Auto zu steigen, wenn es keine andere Möglichkeit gibt. Auch über eine Fahrgemeinschaft mit Arbeitskollegen könntest du ja mal nachdenken. Dadurch wirst du mit Sicherheit schon einige Euro pro Monat sparen können!

Besorge dir ein Sparschwein!

Unser absoluter Geheimtipp! Hört sich zwar ziemlich Oldschool an, funktioniert aber selbst heute noch einwandfrei. Ein Sparschwein ist einfach ein unfassbar nützliches Helferlein, um über einen längeren Zeitraum einen kleinen, zusätzlichen Betrag anzusparen. Damit es aber auch regelmäßig gefüttert wird, hatten wir uns mal wieder eine neue Regel überlegt:

Jeden Sonntag schmeißen wir sämtliches Kleingeld aus unseren Geldbeuteln in das Schwein!

Mal waren das nur 1 bis 2 €, manchmal aber auch weit mehr als 10 €. Außerdem kauften wir uns ein echtes Sparschwein, das aus Porzellan bestand und zertrümmert werden musste. Dadurch gab es gar keine Möglichkeit, in »Notfällen« schnell ein paar Euro rauszunehmen. Das Gefühl, das Teil am Ende zu zerschmettern und noch mal ein paar hundert Euro mehr in den Händen zu halten, war übrigens auch ziemlich cool!

FLUGTICKETS UND UNTERKUNFT BUCHEN

Jetzt wird's spannend! Es geht nämlich daran, Flugtickets zu buchen! Wir gehen mal davon aus, dass du als digitaler Nomade in exotischeren Gefilden leben willst, und so führt meist kein Weg am Fliegen vorbei. Und auch die erste Unterkunft vor Ort kann vorher gebucht werden.

Bei uns ist es tatsächlich so, dass wir seit letztem Jahr deutlich weniger ins Flugzeug steigen. Nicht, weil wir plötzlich Angst davor haben, sondern weil wir aufgrund unserer Umwelt und des Klimawandels auch hier einen kleinen Teil beitragen möchten. Stattdessen nehmen wir auch gerne mal den Nachtbus oder Zug, um durchs Land zu reisen oder ins Nachbarland zu kommen – das gilt auch für längere Strecken. Das ist zwar anstrengender, oft aber auch viel interessanter (erinnerst du dich noch an unsere trinkfesten Reisegefährten in Vietnam?)!

So, nun aber zurück zu den Flugtickets, denn um zum weit entfernten Zielort zu gelangen, gibt es meist keine sinnvolle Alternative. Gleich eines vorweg: Wir sind keine Flug-Suchprofis und kennen keine überkrassen Supertricks, wie man den günstigsten Flug der Welt auftreibt. Trotzdem schaffen wir es eigentlich immer, einen guten Preis zu finden. Wir haben nur keine Lust darauf, zig Stunden zu suchen, um am Ende vielleicht 10 oder 20 € mehr zu sparen. Die Zeit stecken wir lieber in unsere Arbeit und holen das Geld so an anderer Stelle doppelt und dreifach wieder rein. Ein paar kleinere Tipps wollen wir aber dennoch zum Besten geben.

Von One-Way-Tickets und Suchmaschinen

Wir selbst buchen fast immer nur One-Way-Tickets. Es kommt zwar meist etwas teurer, wenn man Hin- und Rückflug getrennt voneinander bucht, dadurch sind wir aber viel flexibler. Wenn wir während der Reise merken, dass es uns in einem Land richtig gut gefällt und wir gerne noch ein paar Tage dranhängen möchten, haben wir somit immer die Möglichkeit und müssen nicht zwingend abreisen.
Unsere Flüge suchen wir über drei verschiedene Flugportale: Skyscanner, Google Flight und Momondo. Der Grund dafür: Auf allen drei Buchungsportalen tauchen durchaus unterschiedliche Ergebnisse bei der Suche auf, und es kommt uns oft ein bisschen wie ein Glücksspiel vor. Das beste Angebot finden wir aber so gut wie immer bei Skyscanner, außerdem ist die Webseite am übersichtlichsten und verständlichsten. Finden wir zumindest!

Schritt für Schritt zum besten Preis-Leistungs-Verhältnis

Doch wie läuft die Suche dann genau ab? Zuerst geben wir unseren gewünschten Start- und Zielflughafen ein, danach unser absolutes Wunschdatum, anschließend lassen wir die erste Suche starten und schreiben nun die zwei besten Angebote in eine kleine Excel-Tabelle. Manchmal sind das gar nicht die günstigsten Flüge, sondern die, bei denen der Preis und die Flugdauer in guter Relation stehen.

Der nächste Schritt: Wir fangen an, das Flugdatum zu verändern. Zuerst legen wir es Tag für Tag nach vorne, anschließend nach hinten und schreiben auch hier bei jeder neuen Suche die zwei besten Ergebnisse raus. Meist finden wir dadurch schon einen für uns passenden Flug.
Wenn wir jedoch immer noch nicht zufrieden sind, spielen wir auch mit dem Abflug- und Zielflughafen. Kleines Beispiel: Statt in München zu starten, probieren wir auch mal Stuttgart aus. Statt in Kuala Lumpur zu landen, versuchen wir es mit Singapur. Außerdem variieren wir auch hier immer wieder das Datum und dokumentieren die Ergebnisse.
Am Ende vergleichen wir dann alle Flüge miteinander und suchen einen für uns passenden Flug raus. Bis jetzt hat das immer gut geklappt!
Auf was wir übrigens kaum Wert legen, ist die Airline. Wir sind auch schon mit Egypt Air und Aeroflot geflogen und fanden beide ganz gut. Wir erwarten uns für einen günstigen Preis halt nicht viel, werden dadurch aber fast immer positiv überrascht.

Am Ende ist bei der Flugsuche vor allem eines wichtig: Flexibilität, Flexibilität und Flexibilität. Dadurch kannst du oft einige hundert Euro günstiger fliegen, ohne dir bei der Suche einen Arm ausreißen zu müssen!

Und was ist mit der Unterkunft?

Dachten wir uns doch, dass die Frage noch kommt! Um ehrlich zu sein, legen wir aber gar nicht so viel Wert darauf, zig Unterkünfte im Voraus zu buchen. Das schränkt einfach zu sehr ein und macht super unflexibel. Stell dir mal vor, du willst oder musst kurzfristig umplanen, hast aber schon fünf oder sechs weitere Unterkünfte gebucht. Wenn keine kostenlose Stornierung inbegriffen ist, bleibst du auf den Kosten sitzen, ohne die Übernachtungen in Anspruch genommen zu haben. Ziemlich blöd, oder? Wir selbst buchen deshalb fast immer nur die ersten zwei oder drei Hotels, wenn wir in ein für uns unbekanntes Land reisen. Kennen wir dagegen ein Land schon etwas besser und wissen, wie der Hase läuft, buchen wir meist nur die erste Unterkunft nach der Anreise und lassen uns sonst treiben.

Einzige Ausnahme ist die Hauptsaison in den einzelnen Ländern. Da kann es durchaus schwierig werden, kurzfristig gute Unterkünfte zu ergattern. Allerdings versuchen wir, die High-Season so gut wie möglich zu umgehen, und legen unsere Ziele so, dass wir eher zur Nebensaison vor Ort sind. Sollte das mal nicht klappen, dann suchen auch wir meistens die Unterkünfte schon einige Wochen im Voraus. Wichtig ist uns aber immer die erste Bleibe! Wir mögen es einfach, in einem Land anzukommen und sofort ein kleines Zuhause für ein paar Tage zu haben. Dafür geben wir dann gerne auch etwas mehr aus. Vor allem nach einer längeren Anreise wollen wir uns einfach auf Anhieb wohlfühlen. Da kann eine gute Unterkunft viel zu beitragen!
Hotels buchen wir übrigens immer über Booking.com. Wenn wir allerdings etwas länger an einem Ort bleiben, suchen wir uns ein Apartment zur Selbstversorgung über Airbnb. Dazu später mehr.

REISEKREDITKARTEN BEANTRAGEN

Ohne Geld geht natürlich nichts im Ausland. Doch wie bleibt man dauerhaft flüssig auf Reisen? Ganz einfach, mit den richtigen Kreditkarten. Es gibt ein paar Banken, die spezielle Karten mit hervorragenden Konditionen für Weltenbummler und digitale Nomaden anbieten.

Die beliebteste Kreditkarte mit den größten Vorteilen bietet aktuell die Santander Bank. Aber auch die .comdirect, die DKB, die Norisbank oder die N26 haben gute Reisekreditkarten im Angebot. Die Unterschiede liegen in größeren und kleineren Pluspunkten, die sich immer wieder ändern können.
Dir jetzt die verschiedenen Karten genauer vorzustellen würde allerdings etwas zu viel für dieses Buch werden. Aber keine Sorge! Die exakten Infos haben wir trotzdem für dich auf unserem Blog Love & Compass zusammengefasst: www.loveandcompass.de/kreditkarte-ohne-gebuehren-im-ausland/

Dich erwartet dort ein großer Vergleichsbeitrag mit Tabellen, sämtlichen Vorteilen und Nachteilen der einzelnen Kreditkarten sowie unseren persönlichen Empfehlungen. Nimm dir am besten etwas Zeit dafür. Der Beitrag ist lang und sehr ausführlich.

Die wichtigsten Kriterien

Ein paar wichtige Punkte wollen wir dir für die Beantragung trotzdem nicht vorenthalten. Orientiere dich vor allem an folgenden Fragen:

1. Kann ich mit der Karte weltweit kostenlos Geld abheben? Super wichtig!
2. Kann ich weltweit kostenlos bezahlen oder ist der prozentuale Auslandseinsatz zumindest gering?
3. Ist die Kreditkarte kostenlos und hat auch keine jährlichen Gebühren?
4. Handelt es sich um eine Visa-Kreditkarte? (Größere Abdeckung als Mastercard)
5. Erstattet die Bank Fremdgebühren, die in manchen Ländern beim Abheben erhoben werden?

Es treffen nicht alle genannten Punkte auf jede Karte zu, aber zumindest zwei bis drei davon sollte eine gute Reisekreditkarte schon erfüllen können.

Tipp: Beantrage mindestens zwei oder drei unterschiedliche Karten. Die Chance, dass eine Kreditkarte von einem Bankautomaten eingezogen und nicht mehr ausgespuckt wird, besteht immer. Ist uns selbst auch schon passiert. Außerdem kann man auf manipulierte Geldautomaten stoßen oder eine der Karten einfach nur verlieren. Aber auch hierzu findest du weitere Infos bei uns auf dem Blog!

VISUM VORHER BESORGEN – JA ODER NEIN?

Gute Frage, die man spontan nicht beantworten kann. Das Visum-Thema ist nämlich unglaublich komplex, bei jedem Land unterschiedlich und auch von vielen verschiedenen Faktoren abhängig.

Stell dir deshalb bitte im Voraus folgende Fragen:

1. In welches Land will ich zuerst reisen?
2. Welche Visa-Bestimmungen gibt es vor Ort?
3. Wie lange will ich im jeweiligen Land bleiben?
4. Brauche ich überhaupt ein Visum?

Vor allem außerhalb Europas ist so etwas immer mit Eigenrecherche und Organisation verbunden. In einigen Ländern benötigst du zum Beispiel überhaupt kein Visum. Du gehst einfach nach dem Flug zur Immigration im Flughafen, bekommst einen Touristen-Stempel in den Pass und das war's. Das gilt zum Beispiel in Malaysia oder Südafrika.
Dann gibt es aber auch Länder, wo ein sogenanntes Visa-on-Arrival nötig ist. Dazu wird meist im Flugzeug ein Formular ausgeteilt, in das du Beruf, Aufenthaltsdauer, Wohnadresse etc. eintragen musst. Je nach Land zahlst du dann am Zielflughafen manchmal eine Visumsgebühr und bekommst anschließend durch Vorlage des ausgefüllten Formulars das Visum in den Pass gestempelt. In Ägypten, Thailand oder auf Sri Lanka wird es zum Beispiel so gemacht.
Einige Staaten verlangen auch, dass du dir bereits im Voraus ein Visum organisierst. Bei manchen funktioniert das mittlerweile ganz einfach mit einem e-Visum, das du online beantragen kannst. Du musst es anschließend nur ausdrucken und bei der Einreise vorlegen. Je nach Land kann die Genehmigung des e-Visums aber unterschiedlich lange dauern und unterschiedlich viel kosten. Länder, die ein e-Visum bereits eingeführt haben, sind unter anderem Australien, Myanmar oder auch Vietnam. Wir fanden das richtig gut!
Zu guter Letzt gibt's aber auch Nationen wie China, die kein e-Visum anbieten. Hier musst du es im Voraus bei einer Auslandsvertretung in Deutschland oder einem anderen Land, falls möglich, persönlich beantragen. Außerdem werden von dir die unterschiedlichsten Dokumente verlangt und es dauert dann auch je nach Mentalität des Landes ein paar Tage oder sogar Wochen, bis es ausgestellt wird.

So übel trocken das Thema auch ist: Es hilft alles nichts, da muss jeder selbst durch, der die Welt entdecken will. Also, jetzt mal kurz durchschnaufen, dann weiter im Text!

Weitere Optionen

Viele Länder bieten mehrere Visa-Möglichkeiten für Reisende an. Bestes Beispiel ist Thailand. Der übliche Weg ist: Du landest in Bangkok am Flughafen, füllst die Einreisekarte aus, gehst zur Passkontrolle und bekommst direkt 30 Tage Aufenthalt kostenlos in den Pass gestempelt. Das sogenannte Visa-on-Arrival. Wenn du allerdings länger als 30 Tage bleiben willst, gibt es zwei Möglichkeiten:

1. Du verlängerst die 30 Tage um weitere 30 Tage vor Ort: Das geht in einem der Immigration Offices, die du in bekannten Orten wie Bangkok, Chiang Mai oder Koh Samui finden kannst. Das kostet dann aktuell einmalig 1900 Baht (ca. 53 €).
2. Du beantragst im Voraus ein spezielles Touristen-Visum mit 60 Tagen Gültigkeit: Dafür musst du allerdings zur Thailändischen Botschaft in Deutschland bzw. in einem anderen Land, in dem du dich auf deiner Reise gerade befindest.

Dort werden dann einige Unterlagen von dir gefordert, die aber von Land zu Land und auch von Region zu Region komplett unterschiedlich sein können. Einmal haben wir zum Beispiel das 60-Tage-Visum für Thailand in Kuala Lumpur beantragt und brauchten zig Nachweise: Flugtickets für Ein- und Ausreise, erste Hotelbuchung, Kontonachweise, um zu zeigen, dass wir flüssig sind, Reisepasskopie, biometrisches Passfoto und noch ein paar andere Dinge. Allerdings hatten wir das gleiche Visum auch schon mal auf Penang beantragt, einer Insel, die ebenfalls in Malaysia liegt. Dort wollten sie einfach nur das Passfoto, Kopie vom Reisepass und sonst nichts. Aber auch das kann sich alle paar Monate ändern.

Du siehst, die Möglichkeiten sind wirklich zahlreich, da auch die Anforderungen von Land zu Land und auch innerhalb eines Landes unterschiedlich sind! Was in Thailand gilt, gilt nicht in Malaysia. Was in Malaysia gilt, gilt nicht in Australien. Sobald du dich deshalb mit der Visum-Recherche für dein erstes Reiseziel beschäftigst, wirst du auch relativ schnell feststellen, ob du es vorher beantragen solltest oder eben nicht.

Wichtiger Hinweis: Dein Reisepass muss bei der Einreise immer noch mindestens sechs Monate gültig sein! Schau also lieber gleich nach, ob du vielleicht zuerst einen neuen Pass brauchst bzw. ihn verlängern lassen musst.

REISEIMPFUNGEN – JA ODER NEIN?

Wie du weißt, sind wir keine Ärzte, und deshalb dürfen wir auch keine Empfehlungen und Ratschläge zum Impfen vor einer Reise geben. Da das Thema außerdem immer wieder für viel Diskussi-

onsstoff sorgt, werden wir auch nicht sagen »Du musst dich impfen lassen!« oder »Lass dich bloß nicht impfen!«. Was wir allerdings sagen können, ist unsere eigene Meinung zum Thema und wie wir selbst vor der Reise damit umgegangen sind.

Um ehrlich zu sein, wir sind nicht die größten Befürworter des Impfens. Unserer Meinung nach gibt es viel Panikmache und auch einige Impfungen, die die Welt nicht braucht. Allerdings sind wir auch keine Gegner. Zumindest die wichtigsten Grundimpfungen können bestimmt nicht schaden.
Aus diesem Grund sind wir auch vor unserer Reise zu einem Tropenmediziner gegangen und haben uns erst mal ausführlich beraten lassen. Das raten wir dir auch und wir hoffen, du hast ähnliches Glück wie wir. Denn wir kamen an einen Arzt, der uns nicht auf Biegen und Brechen sämtliche Impfungen andrehen wollte, sondern immer ganz klar gesagt hat, in welchen Ländern welche Impfungen hilfreich sein könnten und wie hoch das Risiko vor Ort wirklich ist.

So haben wir´s gemacht

Da wir viel in Asien unterwegs sind, haben wir uns deshalb am Ende nur gegen Hepatitis A+B impfen lassen und ein paar klassische Grundimpfungen wie Tetanus und Polio aufgefrischt. Vor allem Hepatitis A fanden wir sehr wichtig, da die Viren in Ländern mit geringeren Hygienestandards zum Beispiel in verunreinigtem Trinkwasser und Lebensmitteln vorkommen können. Hepatitis B kann dagegen durch Körperflüssigkeiten wie Blut, Sperma und Urin übertragen werden. Hier dachten wir im ersten Moment: »Ach, wie soll das denn bitte passieren? Vor allem uns als Paar doch nicht!« Allerdings reicht schon eine winzig kleine Blutübertragung durch eine Nagelschere eines infizierten Freundes aus, die man sich vielleicht kurz geliehen hat.

Gegen andere Krankheiten, die man auch öfters im Zusammenhang mit Asien liest, wie Typhus, Japanische Enzephalitis oder Tollwut, haben wir uns nichts spritzen lassen. Warum? Weil wir nach dem Gespräch mit unserem Tropenmediziner noch im Internet zu den einzelnen Krankheiten recherchiert und am Ende das jeweilige Risiko abgewogen haben. Wie bei Versicherungen wird auch bei vielen Impfungen mehr Panik verbreitet als nötig. An Japanischer Enzephalitis erkranken zum Beispiel hauptsächlich Kids. Erwachsene sind weitestgehend immun und die Chance einer Ansteckung ist verschwindend gering. Trotzdem wird diese Impfung empfohlen. Warum, fragen wir uns da.

Für und Wider gut abwägen

Am Ende musst du aber selbst für dich abschätzen, welche Impfungen du als absolut notwendig ansiehst und welche nicht. Mach daher frühzeitig einen Termin beim Tropenmediziner, hör dir an, was er zu sagen hat, und lass dir die empfohlenen Impfungen aufschreiben. Du kannst dich dann selbst noch darüber informieren und in Ruhe eine finale Entscheidung treffen. Das würden wir dir ohnehin ans Herz legen, denn Impfstoffe kosten viel Geld, und es ist immer im Interesse der Pharmaindustrie, diese auch an den Mann und die Frau zu bringen. Das gleiche gilt für manche Tropenmediziner, die dadurch natürlich auch ihr Geld verdienen. Umso erleichterter waren wir, einen wirklichen seriösen Arzt gefunden zu haben. Je nach Krankenkasse bekommst du die Impfungen übrigens bezahlt oder musst dafür selbst aufkommen. Das geht, wenn du Pech hast, ganz schön ins Geld. Die Kosten sollten allerdings nie ein Entscheidungsgrund für oder gegen eine Impfung sein.

Da sparst du womöglich dann doch am falschen Ende. Wenn dich dein Leben als digitaler Nomade außerdem mal in gefährlichere oder weit abgelegene Ecken ohne ausreichende ärztliche Versorgung führt, dann ist es im Zweifelsfall immer besser, sich vorher durch eine Impfung abzusichern.

Wichtig ist vor allem, dass du rechtzeitig beim Arzt vorbeischaust. Manche Impfungen wie Tollwut brauchen mehrere Injektionen und müssen über Wochen oder Monate hinweg gespritzt werden, um wirksam zu sein.

Hundertprozentige Sicherheit? Unmöglich!

Tja, und dann gibt es auch noch ein paar gefährliche Krankheiten, gegen die wir uns gerne hätten impfen lassen, für die es aber trotz jahrzehntelanger Forschung noch keine Impfungen gibt. Zum Beispiel Dengue (ebenfalls Asien) oder Malaria (vor allem in Afrika, aber auch in Asien sowie Süd- und Mittelamerika). Für Letzteres sind zwar mittlerweile Tabletten auf dem Markt, die man vorbeugend einnehmen kann, starke Nebenwirkungen sind aber nicht ausgeschlossen.

Alles in allem bleibt das Impfen ein schwieriges Thema – informiert man sich zu viel im Internet, hat man am Ende tonnenweise Infos und gar keinen Durchblick mehr. 100 Webseiten, 200 Frage-Antwort-Portale, 300 unterschiedliche Meinungen. Verlässt man sich aber nur auf die Beratung eines einzigen Tropenmediziners, bekommt man am Ende vielleicht zehn Spritzen, von denen man nur zwei oder drei wirklich gebraucht hätte. Auch nicht ideal, oder?

Egal, wie man es dreht und wendet, du kannst beim Impfen keine hundertprozentig richtige Entscheidung treffen. Hör deshalb am besten auf dein Bauchgefühl, überlege, welche Länder auf deiner Liste weiter oben stehen, und triff danach eine Entscheidung. Im Notfall kannst du dich außerdem in den einzelnen Reiseländern impfen lassen.

DAS RICHTIGE REISEEQUIPMENT

Jetzt mal Hand aufs Herz! Es gibt doch nichts Nervigeres als einen schweren, großen Rucksack, der Rückenschmerzen verursacht und überall drückt, oder? Warum am falschen Ende sparen nichts bringt und was alles in den Rucksack hineinpassen sollte, erfährst du auf den nächsten Seiten.

Der Rucksack ist komischerweise immer einer der Gegenstände, bei denen richtig aufs Geld geschaut wird. Immerhin kann man sich schnell mal 100 € oder mehr bei einem günstigen Modell »sparen«. Aber macht das wirklich Sinn? Wir finden nicht! Der richtige Backpack ist soooo wichtig! Vor allem für Leute wie uns, die viel reisen. Wir tragen ihn nicht nur einmal im Jahr für zwei Wochen durch die Gegend, sondern regelmäßig. Da wollen wir uns einfach nicht nach den ersten fünf Minuten bereits völlig unwohl fühlen und im Laufe der Zeit auch noch unseren Rücken demolieren. Ein großer Rucksack, der robust, leicht, rückenschonend, richtig gut ausbalanciert, hochwertig hergestellt und lange haltbar sein soll, kann einfach keine 50 € oder 70 € kosten.

Den Rucksack vorher ausprobieren

Wie findet man nun den für sich passenden Reiserucksack? Ganz easy durch ausprobieren! In größeren Outdoor-Shops, aber auch bei regionalen Fachhändlern findet man immer eine gute Auswahl der verschiedensten Hersteller. Dort gibt es dann meistens auch Rucksackgewichte, mit denen sich ein möglichst realistisches Trageverhalten herstellen lässt. Optimal, um festzustellen, wie sich der Rucksack mit Gewicht auf deinem Rücken anfühlt. Achte beim Kauf auch darauf, dass ein Regencape integriert ist. Wenn nicht, solltest du am besten direkt eins dazukaufen. Das hat uns bzw. unser Gepäck echt schon oft gerettet!

Was wir außerdem selbst bei einem guten Rucksack super wichtig finden, ist die Möglichkeit, ihn nicht nur von oben oder unten befüllen zu können, sondern auch von vorne bzw. von der Seite. Wenn du unterwegs bist und plötzlich etwas brauchst, das sich irgendwo in der Mitte zwischen zig anderen Sachen versteckt, kommst du auf die Weise viel leichter ran und musst nicht erst alles ausräumen.

Unsere Empfehlung – kein Billigheimer

Wir selbst nutzen, seit wir reisesüchtig geworden sind, Rucksäcke von Tatonka und lieben sie! Das Coole daran: Als wir unsere Backpacks 2014 kauften, waren wir noch ganz normale Kunden. Jetzt, ein paare Jahre später, ist Tatonka zu einem Partner von Love & Compass geworden und wir haben bereits ein paarmal erfolgreich zusammengearbeitet! (Nein, wir bekommen für die Nennung hier trotzdem KEIN Geld.)

An unserer Meinung zu ihren Produkten hat sich dadurch ohnehin nichts geändert. Wir fanden sie vor unserem Deal schon geil und finden sie auch weiterhin geil. Vor allem unseren großen Yukon Rucksack mit 60 Litern würden wir für kein Geld der Welt hergeben! Und es ist ein gutes Gefühl, das sagen zu können! Nichts ist uns nämlich wichtiger als Ehrlichkeit und Transparenz dir und allen anderen Lesern gegenüber. Was würde uns auch all die Freiheit nutzen, wenn wir für etwas schnelles Geld unsere Blogger-Seele verkaufen und Produkte empfehlen, die wir eigentlich scheiße finden?

Das wäre wohl der bekannte Schuss ins eigene Knie. (Mehr dazu im 5. Kapitel.)

Die passende Packliste

Über die Packliste werden wir zur Abwechslung mal etwas weniger Worte verlieren und dir stattdessen ohne große Umschweife unsere vollständige Liste an die Hand geben. In den letzten Jahren haben wir unseren Rucksackinhalt immer wieder angepasst. Manche Gegenstände sind rausgeflogen, andere kamen dazu und mittlerweile haben wir die für uns perfekte Packliste gefunden. Das heißt natürlich nicht, dass sie auch für dich perfekt ist. Schau sie dir einfach mal an und entscheide selbst, wo du für dich Änderungsbedarf siehst.

Wichtig ist nur, dass du nicht zu viel einpackst. Schließlich willst du bestimmt keine halbe Tonne mit dir herumschleppen, oder? Wenn du trotzdem dringend etwas Neues benötigst, findest du es auch im Ausland. Wir hatten damit zumindest noch nie Probleme.

So, jetzt aber zum Überblick. Unter www.loveandcompass.de/love-compass-buch-checklisten/ kannst du dir die komplette Packliste (inklusive Empfehlung für Kleidung und Kosmetik) als PDF herunterladen.

CHECKLISTE »WAS PACKE ICH EIN?«

Rucksäcke

- O 1 x Tatonka Yukon 50 + 10 Liter für Männer
- O 1 x Tatonka Yukon 50 + 10 Liter für Frauen
- O 1 x Tatonka Vento 22 Liter (Tagesrucksack)
- O 1 x Lowe Pro Kamerarucksack

Packzubehör

- O 2 x 4er-Set Amazon Basic Packtaschen (sorgen für Ordnung im Rucksack!)
- O 4 x Schlüssel-Schlösser für die Rucksäcke
- O 2 x große Plastiktüte (für Schuhe)

Finanzen & Geld

- O 1 x Santander Kreditkarte (die aktuell beste Reisekreditkarte)
- O 1 x Comdirect Kreditkarte (Backup-Kreditkarte)
- O TAN-Generator oder TAN-Liste
- O Telefonnummern der Bank
- O etwas Bargeld (für die ersten beiden Tage)
- O 5 x RFID-Blocker

Dokumente

- O Reisepass
- O Personalausweis
- O Impfausweis
- O Versicherungsschein der Auslandskrankenversicherung
- O Internationaler Führerschein (für Länder außerhalb der EU)
- O Normaler Führerschein (für Länder innerhalb der EU + Bosnien-Herzegowina, Island, Liechtenstein, Norwegen, Serbien, Schweiz, Türkei)
- O Flug-, Bus- oder Bahntickets
- O Buchungsbestätigung der Unterkunft
- O Adresse der ersten Unterkunft
- O Notfall- und Servicenummern der Bank und der Reiseversicherung
- O Kopien der wichtigsten Reisedokumente (Reisepass, Personalausweis, Versicherungsschein der Auslandskrankenversicherung, internationaler Führerschein)
- O 1 x Schnellhefter für die Kopien

O 10 x Plastikfolien für die Kopien
O 2 x wasserdichte Zip Beutel (für Dokumente)

Reiseapotheke
O 1 x Iberogast (hilft gegen leichte Magen–Darm-Probleme)
O 1 x DOCTORSMED Verdauungs Kompley (falls gar nichts mehr geht ;))
O 2 x Paracetamol (senkt Fieber und Schmerzen)
O 10 x Elektrolyte (bei Magen-Darm-Erkrankungen die Rettung schlechthin)
O 1 x Azulenal Salbe (pflanzliche Wundsalbe)
O 1 x kleine Packung wasserfeste Pflaster
O 1 x kleine Packung Blasenpflaster
O 1 x Buscopan (vor allem für die Frau bei Krämpfen)
O 1 x Kohletabletten (für schlimmen Durchfall)
O 2 x iGel Augentropfen (für gereizte und trockene Augen)
O 2 x Tigerbalm (»Allheilmittel« – vor allem bei Kopfweh sehr wirkungsvoll)
O 2 x Malaria-Tabletten (je nach Reiseziel)
O 1 x Jod (zum Desinfizieren von Wunden)
O 1 x Medizinischer Alkohol (ebenfalls zum Desinfizieren)
O 1 x etwas Verbandsmaterial (für größere Schürfwunden)

Fotoausrüstung
O 1 x Erstkamera: Olympus OMD-EM1 Mark II
O 1 x Olympus Weitwinkelobjektiv 7-14mm f 2,8 Pro
O 1x Olympus Ersatzakku
O 1 x Sigma Festbrennweite 16mm f 1,4 (für Olympus)
O 1 x Zweitkamera (viel, viel günstiger): Sony Alpha 6000
O 1 x Sony Zoomobjektiv SEL55-210mm
O 1 x Sigma Festbrennweite 30 mm (für Sony)
O 2 x Sony Ersatzakku
O 1 x Joby Gorillapod (Mini-Stativ mit beweglichen Beinen)
O 1 x Sirui T-025X/C-10 S Reisestativ aus Carbon
O 3 x Sandisk SD-Karten (1 x 16 GB, 2 x 32 GB)
O 1 x Kamera Reinigungsset
O 1 x Sony HDR-AS 50 Actioncam plus Schwimmgriff

Laptops & Zubehör

O 2 x Apple MacBook Pro

O 2 x USB-C Adapter

O 2 x Caison Laptoptasche

O 2 x Externe SSD-Festplatte von SanDisk

Sonstige wichtige Technik

O 2 x Kindle Paperwhite (E-Book-Reader)

O 2 x In-Ear Kopfhörer

O 1 x Powerbank 2000 mAH

O 2 x Smartphone

O 1 x Weltreiseadapter Skross Pro

O 1 x Intenso USB Stick 8 GB

O 3 x USB-Kabel

Sicherheit & Schutz

O 1 x Brust- oder Bauchtasche (gut für Geld, Smartphone oder Ausweise)

O 1 x Pacsafe (nie mehr ohne! Vor allem in günstigeren Unterkünften)

O 2 x Zahlenschlösser (für Spinde in Hostels)

Sonstige Ausrüstung

O 2 x Sonnenbrille

O 2 x Reisehandtuch (mega wichtig)

O 2 x faltbare Trinkflasche

O 1 x Notizbuch & zwei Kugelschreiber

O 1 x Skip Bo Reisespiel

O 1 x Reise-Wäschesack

O 3 x Veggie Bag (um Plastiktüten beim Einkaufen zu vermeiden)

SINNVOLLE SICHERHEITS-VORKEHRUNGEN UND WICHTIGE REISE-APPS

Wenn du die Packliste bereits durchgegangen bist, hast du bestimmt festgestellt, dass wir dort einen Punkt »Kopien der wichtigsten Reisedokumente« eingefügt haben. Darauf wollen wir in diesem Abschnitt noch kurz etwas genauer eingehen, da wir diesen Punkt für extrem notwendig halten! Außerdem stellen wir dir die in unseren Augen wichtigsten Reise-Apps vor, die dir bei Planung und Reisen vor Ort unter die Arme greifen.

Kopie und Online-Speicherung wichtiger Dokumente

Mit den wichtigsten Reisedokumenten meinen wir vor allem den Reisepass und den Personalausweis. Aber auch den internationalen Führerschein kannst du dazu zählen. Wichtig werden diese Kopien vor allem, wenn du die angesprochenen Dokumente verlierst und zur Botschaft musst, um sie neu zu beantragen. Dadurch ist es für den jeweiligen Mitarbeiter viel leichter, dich zu identifizieren, und eine Ausstellung neuer Dokumente kann schneller in die Wege geleitet werden.

Ohne Kopie wird es allerdings erst mal dauern, da du nicht glaubwürdig nachweisen kannst, dass du wirklich die Person bist, die du angibst zu sein. Was folgt, ist ein ewiges Hin und Her zwischen der Auslandsbotschaft und deiner Behörde in der Heimat. Oft kann das mehrere Tage dauern. Ärger, den du dir aber leicht vom Hals halten kannst.

Auch eine Kopie des Versicherungsscheins deiner Auslandskrankenversicherung solltest du unbedingt dabeihaben. Vor allem, wenn du größere gesundheitliche Probleme bekommst, ins Krankenhaus musst und eine teure Behandlung benötigst, wird meist die erste Frage sein, ob du überhaupt versichert bist. Das kannst du mit dem Versicherungsschein nachweisen.

Um auf Nummer sicher zu gehen, haben wir die wichtigsten Dokumente außerdem noch zusätzlich als PDF in Google Drive abgespeichert. Dadurch können wir immer wieder darauf zugreifen und sie aufs Neue ausdrucken, sollten die Kopien ebenfalls verloren gehen. Doppelt hält einfach grundsätzlich besser!

Unsere wichtigsten Reise-Apps

In den letzten Jahren ist das Reisen extrem einfach geworden. Nicht nur weil es ständig günstiger wird, sondern auch wegen der immer größer werdenden Auswahl an Reise-Apps. Gefühlt gibt es für alles mittlerweile eine passende Software. Selbst wenn man auf der Suche nach der nächsten Toilette ist. Ob man all die mehr oder weniger sinnvollen Apps

gutheißen soll? Schwierig! Schließlich soll Reisen ja immer noch ein Abenteuer sein und auch bleiben. Oder etwa nicht?

Im Endeffekt ist es aber die freie Entscheidung jedes Einzelnen. Manche reisen lieber easy und gemütlich, andere springen dagegen komplett ins kalte Wasser und fahren die »Oldschool-Schiene« ohne Internet und Handy.

Unsere eigene Auswahl an Reise-Apps hält sich zwar relativ in Grenzen, auf ein paar wichtige Programme möchten wir dennoch ungern verzichten, da sie perfekt zu unserem Reisestil passen. Welche das sind, zeigen wir dir jetzt. Bestimmt ist auch für dich etwas Passendes dabei!

Google Übersetzer: So gerne wir uns manchmal mit Händen und Füßen unterhalten, so schwierig wird es aber auch, wenn wir etwas Bestimmtes brauchen und von niemandem verstanden werden. Hier kommt der »Google Übersetzer« ins Spiel. Je nach Sprache hapert es

oft bei der Grammatik, für einzelne Wörter reicht er aber meistens aus. Vor allem in Apotheken, bei Ärzten oder beim Einkaufen nutzen wir den Übersetzer ziemlich oft. Wichtig: Offline ist er nur nutzbar, wenn du vorher das Sprachpaket für das jeweilige Land heruntergeladen hast!

Maps.Me: Eine komplett kostenlose GPS-Karten-App. Das Besondere daran: Maps.Me funktioniert auch offline und ist extrem zuverlässig. Die Karte für die jeweilige Region musst du vorher allerdings herunterladen. Anschließend kannst du Markierungen setzen, Sehenswürdigkeiten, Restaurants sowie Unterkünfte sehen und dich auch von A nach B navigieren lassen. Nicht nur einmal hat uns die App irgendwo im Nirgendwo aus der Pampa gelotst.

TripAdvisor: Kennst du bestimmt schon, trotzdem wollen wir auch hier ein Wort dazu verlieren. TripAdvisor ist definitiv unsere Nummer-1-App, wenn es darum geht, Bewertungen für Restaurants, Hotels, Tourenanbieter und Co. zu überprüfen. Hat uns schon oft vor einem absoluten Fehlgriff bewahrt!

Grab/Uber: Jap, manchmal sind wir faul. Vor allem, wenn wir gerade nicht intensiv reisen, sondern für ein bis zwei Wochen einfach nur an einem Ort leben. Genau dann nutzen wir auch sehr gerne die beiden Apps Grab und Uber. Du kannst dir darüber ganz easy einen privaten Fahrer bestellen, der dich in seinem Auto von A nach B bringt. Ist im Endeffekt wie eine Fahrt mit dem Taxi, meistens allerdings günstiger. Der Preis wird dir sogar vor der Fahrt in der App angezeigt, und der Fahrer ist dazu verpflichtet, zu diesem Festpreis zu fahren. Vor allem in Asien sind Grab und UBER sehr beliebt, da günstig und schnell. Allerdings sind beide Anbieter nicht in jedem Land verfügbar. Grab findest du hauptsächlich in Südostasien, also in Ländern wie Thailand, Malaysia oder auch Indonesien, UBER dagegen in anderen asiatischen Ländern wie Taiwan, Sri Lanka, Japan oder Indien, aber auch in westlichen Ecken wie Australien oder Amerika.

Booking.com-App: Dass Booking.com das bekannteste und größte Buchungsportal für Unterkünfte ist, weißt du ja bestimmt. Es bietet einfach die beste Auswahl, oft die günstigsten Preise und viele Bewertungen für die einzelnen Hotels. Du kannst aber nicht nur vom Laptop aus deine Unterkünfte buchen, sondern auch am Smartphone. Die Booking-App ist sehr übersichtlich, kostenlos und total intuitiv in der Benutzung. Wir selbst buchen fast nur noch über die App!

Airbnb: Wenn du etwas länger an einem Ort bleiben willst, solltet du dir auch mal die Airbnb-App genauer anschauen. Hier werden entweder Einzelzimmer in einer Wohnung oder ganze Apartments mit Küche vermietet. Je länger du bleibst, umso höhere Rabatte bekommst du sogar. Bei längeren Stopps haben wir dadurch schon richtige Schnäppchen gemacht und können uns außerdem als Selbstversorger auch mal etwas Eigenes kochen. Solltest du Unterkünfte nicht so gern über das Smartphone buchen, kannst du Airbnb auch ganz einfach vom Laptop aus nutzen.

Skyscanner: Skyscanner haben wir ja bereits beim Flüge buchen kurz angesprochen. Auch eine passende App gibt's dazu. Vor allem, wenn du von unterwegs einen kurzen, preiswerten Flug buchen willst, ohne lange zu recherchieren, ist die App perfekt.

HappyCow: DIE App für alle Vegetarier, Veganer und Reisende, die gerne mal auf Fleisch und Fisch verzichten. HappyCow zeigt dir nämlich fleischfreie Restaurants und Shops inklusive Bewertungen in deiner Umgebung an. Je nach Land und Ort sind das mal mehr, mal weniger. Vor allem in großen Städten ist die Auswahl mittlerweile riesig! Du kannst außerdem selbst weitere Restaurants eintragen, die in der App noch nicht vermerkt sind. Internet ist für die Nutzung der App allerdings zwingend erforderlich. Etwas seltsam: Im Google Play Store ist die App kostenlos, im App Store von Apple kostet sie dagegen 4,49 €. Lohnt sich aber, wir lieben Happy Cow!

XE Währungsrechner: Je nach Land können die Wechselkurse ganz schön verwirrend und überfordernd sein. Zum Beispiel in Vietnam, wo 1 € ca. 27.000 Dong sind. Genau hier kommt der XE Währungsrechner ins Spiel. Damit kannst du in Sekundenschnelle einheimische Preise in Euro umrechnen. Außerdem ist jede erdenkliche Währung Teil der App. Absolut Gold wert!

Spotify: Ich glaube, zu Spotify müssen wir nicht viel sagen, oder? Ohne Musik geht auf Reisen einfach nichts. Erst recht nicht bei langen Transfertagen. Für 9,90 € im Monat hat Spotify die mit Abstand größte Auswahl, du kannst dir deine Lieblingslieder sowie Playlisten herunterladen und sie anschließend auch offline hören. Geiler geht's nicht!

Money Control: Wenn es um unser Geld geht, sind wir echt absolute Kontrollfreaks und Money Control hilft uns super dabei. Infos über die App haben wir dir ja bereits auf Seite 105 im Spar-Abschnitt verraten.

PayPal: Auch während des Reisens muss man oft mal online bezahlen. Zum Beispiel beim Buchen von Transporttickets, Ausflügen, Unterkünften etc. Das geht bei vielen Anbietern zum Glück immer häufiger mit PayPal. Deshalb darf die App auf keinen Fall auf unserem Smartphone fehlen.

Google Kalender: Im Google Kalender tragen wir unsere kompletten Reiseinfos ein. Zeiten für Flüge, Zug- und Busfahrten, Touren und Ausflüge, wann wir an welchen Orten sein möchten und vieles mehr. Dadurch behalten wir während der Reise immer einen guten Überblick.

5. Kapitel

Online arbeiten und Geld verdienen

In diesem Kapitel geht es endlich darum, wie du online arbeiten und damit dein Geld verdienen kannst. Es ist mit Abstand das größte Kapitel des Buches und auch der Teil, in den wir die meiste Energie sowie Zeit gesteckt haben, um so viele Infos wie möglich an dich weiterzugeben. Gleichzeitig war es unser Anspruch, dir alles komplett verständlich zu erklären.

Das war nicht gerade einfach, da in diesem Kapitel sehr viele Fachbegriffe und neue Skills auf dich warten, von denen du vielleicht noch nie in deinem Leben gehört hast.
Nicht nur einmal hatten wir ein Unterkapitel bereits fertig, nur um am Ende beim Durchlesen festzustellen: »Shit, das ist zu kompliziert erklärt. Das müssen wir noch mal schreiben!« Also haben wir es halt noch mal geschrieben! Nun sind wir uns aber sicher, dass die meisten Dinge selbst unsere Eltern verstehen werden. Also, liebe Eltern, wenn ihr das Buch durchhabt, gebt gerne mal Feedback!

Auf den nächsten Seiten werden wir dir zeigen, welche Fähigkeiten du dir für ein erfolgreiches Online-Business aneignen solltest, wie du mit Kundenarbeit das erste Geld verdienen kannst, aber auch, wie du dein eigenes Herzensprojekt findest und was du zu Beginn alles beachten musst.
Vor allem auf ein erfolgreiches Herzensprojekt wollen wir nun gemeinsam hinarbeiten. Es ist nicht nur irgendein »Online-Business«, sondern dein eigener, persönlicher Weg. Deine Chance, etwas zu erschaffen, das dir nicht nur Geld bringt, sondern an dem du mit Leidenschaft, Herz und Spaß arbeiten kannst. Ein Gefühl, dass 99 Prozent aller Menschen nicht kennen. Denn ja, arbeiten kann Spaß machen. Viel sogar!

ONLINE-BUSINESS – WAS IST DAS ÜBERHAUPT?

Gute Frage, oder? Die ganze Zeit quatschen wir davon, haben aber noch nicht mal genauer erklärt, was du darunter verstehen kannst. Dann lass uns das mal schleunigst ändern!

Im Prinzip gibt es zwei verschiedene Arten. Auf der einen Seite das hundertprozentige Online-Business, das wirklich komplett im Internet stattfindet. Auf der anderen Seite ein Hybrid-Online-Business (wir nennen es jetzt einfach mal so abgefahren!), das Online und Offline verknüpft.

Rein online oder eine Mischform

Bei einem reinen Online-Unternehmen läuft wirklich alles in der digitalen Welt ab. Nicht nur das Marketing, der Verkauf und die Bezahlung, sondern auch die Produkte sind nur online bzw. digital verfügbar. Das können E-Books, Video-Kurse, Hörbücher oder viele andere Dinge sein. Der große Vorteil daran: Ein reines Online-Business hat nie geschlossen. Stattdessen besteht immer die Möglichkeit, etwas einzukaufen, 24 Stunden am Tag, jeden Tag im Jahr. Viele digitale Produkte kann man außerdem sofort nutzen. Egal, ob es der Zugang zu einem Online-Kurs ist oder der Downloadlink zu einem Buch.

Bei einem Hybrid-Online-Business spielt sich dagegen auch ein großer Teil in der realen Welt ab. Das beste Beispiel sind wohl Online-Shops wie Amazon, Zalando und viele weitere. Die Suche des Produkts, der Kauf und die Bezahlung funktionieren im Internet. Danach geht's aber in der realen Welt weiter. Die bestellten Produkte werden nun verpackt, geliefert und landen anschließend beim Kunden zu Hause auf dem Tisch. Der Nachteil daran: Der Käufer erhält die Ware nicht sofort, außerdem ist man von weiteren Unternehmen wie zum Beispiel der Post abhängig. Dazu kommt noch, dass man sich mit logistischen Hindernissen wie Lagerplatz, Retouren und Co. herumschlagen muss.

Zu einem Hybrid-Business zählen wir übrigens auch digitale Dienstleistungen wie zum Beispiel die Kundenarbeit an einer Webseite, Beratungen per Skype oder einfache Recherchearbeiten im Internet. Hier gibt es zwar ebenfalls so gut wie keine Überschneidungen mit der offline Welt, trotzdem ist der Kunde davon abhängig, wann der Dienstleister, also in diesem Fall du, Zeit für seine Wünsche hat.

So läuft's bei uns

Auch Love & Compass ist mittlerweile zu einem Hybrid-Online-Business geworden. Unseren Andalusienreiseführer verkaufen wir zum Beispiel nicht nur als E-Book, sondern auch als gedruckte Version. Der komplette Verkaufsprozess von

der Bewerbung bis zur Bestellung funktioniert im Internet, der Rest wie Lagerung und Versand dann in der realen Welt. Vor allem bei unseren Reiseführern merkten wir ziemlich schnell, dass die Nachfrage nach einem realen Buch zum echten Umblättern immer noch extrem groß ist. Und auch in Zukunft planen wir noch viele weitere Produkte, die nicht nur online funktionieren werden.

Doch was lohnt sich am Ende mehr? Ein reines Online-Business oder die Mischung aus beidem? Um ehrlich zu sein, gibt es da kein »besser« oder »schlechter«. Es hängt nämlich ganz von deinem zukünftigen Weg ab. Außerdem kann sich das im Laufe der Jahre auch ändern. Love & Compass funktionierte anfangs komplett online und den Offline-Aspekt haben wir erst im Laufe der letzten Jahre reingebracht. Mach dir also über eine finale Entscheidung vorerst nicht zu viele Gedanken.

DIE 50-50-REGEL

Über was du dir dagegen jetzt schon Gedanken machen solltest, ist die Art und Weise, wie du relativ zügig die ersten Scheine verdienen kannst. Im Prinzip kannst du entweder volles Risiko eingehen oder dir stattdessen ein Sicherheitsnetz einbauen. Und auch hier lässt sich nicht sagen, was wirklich besser ist.

Die Möglichkeiten sind:
1. Du konzentrierst dich zu 100 Prozent auf dein eigenes Herzensprojekt.
2. Du findest einen Mittelweg zwischen Kundenarbeit und deinem Projekt.

Wir haben uns damals für Nummer 2 entschieden und sie ganz »liebevoll« die 50-50-Regel getauft. Der Grund dafür ist simpel: Auf der einen Seite wollten wir schnell unsere monatlichen Ausgaben decken, um die Ersparnisse so wenig wie möglich anzugreifen. Auf der anderen Seite brannten wir darauf, an Love & Compass zu arbeiten. Also entschieden wir uns dazu, drei Tage pro Woche in unseren Blog zu investieren und die anderen drei Tage für Kunden zu »opfern«. 50 – 50 eben.
Die Regel stellte sich zunächst als absoluter Volltreffer heraus, vielleicht gilt das auch für deine Zukunft! Wir fanden relativ schnell etwas größere Aufträge, die uns genügend Geld einbrachten, um unser neues Leben zu finanzieren und die bereits erwähnten Schulden in rasendem Tempo abzuzahlen. Nebenbei hatten wir aber auch Zeit, unser eigenes Projekt immer weiter zu pushen.

Das eigentliche Ziel im Auge behalten

Das lief dann ca. zwei Jahre so ab und es funktionierte hervorragend! Allerdings gibt es dabei eine ausschlaggebende Regel: Egal, wie lukrativ die Kundenarbeit im ersten Moment sein mag, vergiss nie dein eigenes Herzensprojekt! Uns ist das einmal passiert, und wir haben es ziemlich bereut. Ende 2016 konnten wir nämlich einen neuen, großen Kunden an Land ziehen, der uns deutlich besser bezahlte als der Rest. Allerdings mussten wir dafür auch viel mehr arbeiten und verloren somit unsere 50-50-Regel völlig aus den Augen.
Die Folge: Wir verdienten zwar mehr Geld als jemals zuvor in unserem Leben und saßen noch dazu an den schönsten Orten der Welt, doch wir tauschten Zeit gegen Geld, waren plötzlich wieder an irgendwelche Fristen gebunden und arbeiteten für das Wohl anderer. All das, was wir eigentlich nicht mehr in diesem Ausmaß machen wollten! Schließlich sollte die Kundenarbeit von Anfang an nur die Zeit überbrücken, bis Love & Compass genug Geld abwarf.
Nach ein paar Monaten spürten wir auch, wie unzufrieden und unglücklich wir wieder waren, reduzierten daraufhin die

Arbeitsstunden für Kunden drastisch, verzichteten auf Einnahmen im vierstelligen Bereich und konzentrierten uns wieder viel intensiver auf Love & Compass. Noch mehr als jemals zuvor! Wir strichen sogar unseren wöchentlichen freien Tag und hatten nun weitere 12 Stunden mehr zur Verfügung, um Gas zu geben. Genau das machten wir dann auch über mehrere Monate hinweg. Wir arbeiteten ohne Pause! Es war hart. Es war anstrengend. Aber es hat sich gelohnt. Am 1. Januar 2018 war es so weit und unser großer Traum ging in Erfüllung! Love & Compass warf endlich genug Geld zum Leben ab und explodierte förmlich. Und wir? Wir teilten sämtlichen Kunden mit, dass wir in Zukunft nicht mehr für sie arbeiten werden. Einfach nur unbeschreiblich! Zum ersten Mal in unserem Leben hatten wir tatsächlich das Gefühl, etwas Gigantisches erreicht zu haben. Etwas, das niemand für möglich gehalten hatte. Love & Compass wurde zu einem erfolgreichen Business!

Dein Weg – deine Entscheidung

Was wir dir damit eigentlich sagen wollen: Überlege dir bei allem, was du tust, immer, ob es das schnelle Geld wert ist oder ob es sich langfristig nicht doch mehr auszahlt, in die eigene Leidenschaft zu investieren. Wir beide hätten es ohne die Kundenarbeit wohl nie geschafft. Allerdings muss das nicht für dich gelten und vor allem sollte sie langfristig in deinem Kopf auf keinen Fall dein Herzensprojekt verdrängen.

Wenn du dagegen volles Risiko gehen willst, kannst du dich auch von Anfang an komplett auf dein eigenes, großes Ziel fokussieren und Kundenaufträge ganz links liegen lassen. Stell dich aber darauf ein, dass es meist viele Monate oder auch mehrere Jahre dauert, bis die ersten größeren Erfolge greifbar werden. Wenn du nicht genug Geld auf der Seite hast, um die Zeit dazwischen finanziell abzusichern, kann der Schuss schnell nach hinten losgehen! Außerdem ist das Gefühl, immer wieder gegen eine Wand zu rennen, die einfach nicht einstürzen will, manchmal ziemlich deprimierend. Sogar wir haben es ziemlich krass empfunden, obwohl wir finanziell abgesichert waren. Du brauchst also nicht nur Risikobereitschaft, sondern auch eine ordentliche Portion Durchhaltevermögen!

WICHTIGE FÄHIGKEITEN FÜR DEIN HERZENSPROJEKT UND DIE KUNDENARBEIT

Um Kundenaufträge an Land zu ziehen und das eigene Projekt immer weiter voranzutreiben, solltest du dich zuerst mit viel Know-how auseinandersetzen, das für angehende Online-Unternehmer extrem sinnvoll ist.

Du musst zwar nicht jede der gleich vorgestellten Fähigkeiten perfekt draufhaben (was auch gar nicht möglich ist), für einige davon solltest du dir aber zumindest vertiefte Grundkenntnisse aneignen. Erst recht, wenn du ein völliger Quereinsteiger in der Online-Welt bist und noch keinen blassen Schimmer hast. Welche Skills du am Ende fokussieren solltest, wirst du schnell feststellen, sobald du mit der Umsetzung beginnst und ein passendes Herzensprojekt gefunden hast. Außerdem kannst du zu einem späteren Zeitpunkt, wenn du etwas mehr Geld verdienst, bestimmte Bereiche, die dir nicht so liegen, an echte Profis übergeben. Wir machen das mittlerweile auch so.

Lass dich jetzt außerdem nicht von den vielen fremden Begriffen erschlagen. Schau erst mal alles ruhig durch und nimm die Infos auf, ohne dir sofort den Kopf darüber zu zerbrechen. Wie du dich in die einzelnen Themen einarbeitest, verraten wir dir nämlich im nächsten Unterkapitel.

Nützliche Skills im Überblick

Mit all diesen Fähigkeiten kannst du übrigens nicht nur dein eigenes Projekt zum Laufen bringen, sondern auch durch Kundenarbeit Geld verdienen. Sei es als Programmierer, Social Media Marketer, Designer oder als etwas ganz anderes. Doch auch dazu später mehr.

Bloggen: Prinzipiell bedeutet bloggen eigentlich nur eines: regelmäßig auf einer Webseite selbst verfasste, persönliche Texte zu einem Thema oder mehreren Themen veröffentlichen. Beispiele: Sport, Gesundheit, Essen, Reisen oder Mode. Du kannst aber auch über deine Arbeit mit Kunden oder deine eigenen Produkte schreiben. Bloggen hat sogar bei vielen großen Unternehmen in den letzten Jahren immer mehr an Bedeutung gewonnen. Es ist einfach ein hervorragendes Marketing-Werkzeug, um mit geilen, hilfreichen Inhalten Vertrauen zu schaffen, Leser zu binden und am Ende darüber Geld zu verdienen.

Das Schreiben macht allerdings nur einen kleinen Teil des großen Ganzen aus. Denn wenn du nachhaltig Erfolg als Blogger haben willst, kommen wichtige Dinge wie die Webseite selbst, Social-Media-Marketing, SEO, Fotografie und vieles mehr dazu. Genaueres zu den einzelnen Begriffen erfährst du noch in diesem Kapitel. Worüber du dir ebenfalls bewusst sein solltest: Man muss ins Bloggen unglaublich viel Zeit investieren und Durchhaltemögen zeigen. Bis ein Blog größer und bekannter wird, dauert es meist mehrere Jahre. Sobald der Stein aber einmal ins Rollen gebracht wurde, ist er kaum mehr aufzuhalten. Blogge außerdem immer über deine eigene Leidenschaft. Über ein Thema, das du liebst! Nur so kannst du wirklich Herzblut und Energie reinpacken und andere dadurch begeistern. Wenn du dagegen über ein Thema bloggen willst, nur weil es sich finanziell lukrativ anhört, lass es lieber gleich sein. Das wird nichts.

Wordpress: Wenn du einen Blog oder eine andere Art von Webseite erstellen willst, führt eigentlich kaum ein Weg an Wordpress vorbei. Es ist ein sogenanntes CMS (Content Management System) und das Gerüst deines Internetauftritts. Das Geniale an Wordpress: Du brauchst dafür kaum Kenntnisse im Programmieren, die Bedienoberfläche ist mit etwas Einarbeitung einfach zu verstehen und du kannst deine Seite durch die Nutzung eines Theme relativ schnell verschönern.

Ein Theme ist eine Art Vorlage, die du fix installieren kannst und die viele zusätzliche Möglichkeiten zur optischen Gestaltung mitbringt. Stell dir das ungefähr so vor: Du malst ein Bild und fängst erst mal mit den Linien und Umrandungen an. Wenn du danach aufhörst, sieht das Bild wohl ziemlich langweilig aus, da die Farbe fehlt. Das ist Wordpress. Es schafft den Rahmen und sorgt dafür, dass du bereits etwas sehen kannst. Jetzt fängst du aber an, das Bild mit deinen Lieblingsfarben auszumalen und ihm Schatten sowie weitere kleine Feinheiten zu verpassen. Das ist das Theme. Es haucht deiner Webseite mehr Leben ein, verpasst ihr das gewisse Extra und gibt dir eine Vielzahl von optischen Einstellungsmöglichkeiten sowie weitere nützliche Zusatzfunktionen an die Hand.
Kurz und knapp: Wenn du auf Wordpress setzt und eine schöne Webseite willst, führt kein Weg an einem Theme vorbei. Die Auswahl ist übrigens gigantisch! Am besten entscheidest du dich von Anfang an für ein kostenpflichtiges Theme mit guten Bewertungen. »Free Themes« sind immer sehr eingeschränkt und bringen oft mehr Ärger als Nutzen. Eine große Auswahl an guten Themes findest du hier: www.themeforest.net/category/wordpress

Früher galt Wordpress übrigens als reine Plattform für kleinere Blogs und Online-Magazine. Das hat sich mittlerweile stark geändert und auch viele große Unternehmen setzen bei ihrem Internetauftritt auf Wordpress. Zum Beispiel Spotify, CNN oder auch Sony Music.

Html/Css: Je tiefer du in das Thema »Webseite & Bloggen« eintauchst, umso stärker wird der Wunsch in dir, eine schöne und einzigartige Webseite zu haben. Das ist auch gut so! Damit grenzt du dich von deinen Konkurrenten ab. Und obwohl wir gerade geschrieben haben, dass man für Wordpress kaum Programmierkenntnisse auf dem Kasten haben muss, kannst du mit etwas HTML- und CSS-Know-how optisch noch viel mehr aus deiner Webseite machen. Irgendwann stößt halt selbst Wordpress bzw. das beste Theme an die Grenzen seiner Einstellungsmöglichkeiten. Vor allem bei untypischen, speziellen Änderungswünschen. Auch wir haben uns deshalb beide die wichtigsten Grundkenntnisse von HTML und CSS im Laufe der letzten Jahre beigebracht und waren nicht nur einmal heilfroh darüber! Erst recht, als wir noch kaum Geld verdienten und uns keinen Web Designer leisten konnten, der sich darum kümmerte.

Social-Media-Marketing: Wir sind absolute Fans dieser Form des Marketings! Prinzipiell heißt es nichts anderes, als dich und dein Projekt auf den unterschiedlichsten Plattformen wie Facebook, Instagram, YouTube und Co. gewinnbringend zu vermarkten. Möglichkeiten gibt es dafür unzählige. Wir selbst nutzen unsere Social-Media-Kanäle hauptsächlich, um uns eine treue, starke Community aufzubauen und sie langfristig an uns zu binden. Das klappt extrem gut durch unsere authentische Art der Berichterstattung. Außerdem ist uns unsere Community mehr als heilig! Viele davon kaufen unsere Produkte und sorgen dafür, dass Love & Compass weiter existieren kann. UND: Wir mögen diese Leute wirklich! Auch wenn wir den Großteil nur über das Internet kennen. Halte dich deshalb immer an eine eiserne Regel: Enttäusche niemals deine Community!

Newsletter bzw. E-Mail-Marketing: Prinzipiell geht es beim Newsletter-Marketing darum, dass sich Leser und Follower in deine Newsletter-Liste eintragen und du ihnen auf diesem Weg E-Mails zusenden kannst. Das können einfach nur Mails sein, in denen du darüber erzählst, was in den letzten Tagen so bei dir abging, aber auch solche, in denen du eigene Produkte bewirbst. Newsletter-Marketing ist deshalb sowohl ideal, um deine Community enger an dich zu binden, als auch für den Verkauf.

Wir selbst setzen zwar auch auf Newsletter-Marketing, allerdings noch ziemlich eingeschränkt. Uns ist Social-Media-Marketing im Moment wichtiger und bis jetzt zahlt sich das für uns als Reiseblogger auch voll aus. Das kann bei dir aber komplett anders sein und ist stark abhängig vom jeweiligen Business-Modell. Vor allem, wenn du irgendwann hochpreisige Produkte anbieten willst, kann ein Newsletter Wunder bewirken. Du solltest dich damit also auf jeden Fall beschäftigen.

Suchmaschinenoptimierung: abgekürzt auch SEO (Search Engine Optimization). In unseren Augen ist Suchmaschinenoptimierung ein unfassbar trockenes Thema. Allerdings ist es absolut essenziell, wenn du willst, dass deine Blogbeiträge ein gutes Ranking in Google erhalten. Der große Vorteil daran: Je weiter oben sie stehen, umso mehr Leute kommen am Ende durch die Google-Suche auf deine Webseite. Bei uns sind das meist zwischen 65 und 75 Prozent aller monatlichen Leser. Beschäftige dich außerdem relativ früh mit dem Thema. Am besten schon, bevor du die ersten Blogbeiträge schreibst, da ein bisschen SEO auch mit in die Texte fließen sollte. Wir haben damit leider etwas zu spät angefangen und mussten dadurch einen Großteil unserer alten Beiträge im Nachhinein überarbeiten, um noch eine gute Platzierung bei Google zu erhalten. Das war ziemlich nervig, du kannst das aber von Anfang an vermeiden. Suchmaschinenoptimierung ist übrigens nicht nur für Google, sondern auch für YouTube, Pinterest und weitere Kanäle ein mächtiges Tool.

Texten: Ohne geniale Texte geht nichts. Sie sind nicht ohne Grund einer der wichtigsten Bestandteile eines erfolgreichen Online-Business. Egal, ob es ein hilfreicher Blogbeitrag, der Verkaufstext eines Produktes oder einfach nur ein mitreißender Social-Media-Post ist. Selbst bei YouTube, wo es hauptsächlich um Videos geht, sind wohlüberlegte Video- & Kanalbeschreibungen ein großer Pluspunkt. Solltest du Probleme mit dem Schreiben haben, ist es deshalb umso dringlicher, dich intensiv damit auseinanderzusetzen. Durch unseren Blog merkten wir selbst zum ersten Mal, wie schlecht unser schriftliches Deutsch geworden ist. Wir hatten kaum noch einen Plan von der richtigen Komma-setzung, wie man halbwegs mitreißende Texte verfasst und wie man bestimmte Wörter schreibt. Alles Dinge, die wir im Laufe der Jahre nach unseren Schulabschlüssen vergessen hatten und teilweise wieder neu lernen mussten.

Mach dir da aber keine allzu großen Sorgen. Je öfter du schreibst, umso schneller kommst du wieder rein. Außerdem gibt es viele gute Seiten im Internet, die bei Fragen zu Grammatik und Wörtern weiterhelfen können. Zum Beispiel die offizielle Seite des Duden (www.duden.de) oder auch Open Thesaurus (www.openthesaurus.de), eine Seite, um Synonyme zu finden.

Fotografie & Bildbearbeitung: Vermutlich brauchen wir da keine großen Worte zu verlieren, oder? Das Internet lebt nicht nur von tollen Texten, sondern auch von Bildern. Allerdings sind gute Fotos und Bearbeitungsskillls nicht für jedes Online-Business absolutes Pflichtprogramm. Für uns als Reiseblogger zum Beispiel schon, da atmosphärische und schöne Bilder das gewisse Extra ausmachen können. Für einen reinen Podcaster oder eine klassische Business-Webseite wohl eher weniger. Zumindest nicht in derselben Intensität. Sagen wir es am Ende mal so: Ein paar Grundkenntnisse können nie schaden, überlege dir aber ganz genau, wie wichtig die Fotografie für dein Projekt sein wird.

Film & Videoschnitt: Vor allem nötig, wenn du bei YouTube durchstarten, eigene Online-Kurse erstellen oder Videos für Unternehmen produzieren willst. Wir selbst haben mit dem Filmen und Schneiden erst vor Kurzem angefangen. Um genau zu sein, im Herbst 2018. Seitdem sind wir sogar ziemlich aktiv bei YouTube. Doch warum haben wir so spät losgelegt? Weil wir uns zuerst vollkommen auf den Blog konzentrieren wollten. Erst als wir merkten, dass er immer besser in Fahrt kam, fingen wir an, uns mit dem Filmen zu beschäftigen.

Das heißt jetzt aber nicht, dass das auch für dich die ideale Reihenfolge ist. Du kannst natürlich auch zuerst mit YouTube starten und dann irgendwann den Blog in Angriff nehmen. Oder du kümmerst dich einfach dauerhaft nur um YouTube oder nur um deine Webseite. Es gibt genug YouTuber und genug Blogger, die extrem erfolgreich sind, OHNE die jeweils andere Plattform zu nutzen. Mach dir trotzdem mal intensiv Gedanken über YouTube. Die Video-Plattform ist immer mehr im Kommen und es steckt riesiges Potenzial dahinter.

Design: Das Auge isst mit. Sagt man doch so, oder? Weißt du was, das gilt aber nicht nur beim Essen, sondern auch für ein erfolgreiches Online-Business. Wenn alles schön, stimmig und mit Liebe gemacht daherkommt, ziehst du damit automatisch viel mehr Leute an. Das fängt bei der Webseite an, geht über die Gestaltung der eigenen Produkte und endet in Social Media. Oft brauchst du dafür keine überkrassen Design-Skills. Viel wesentlicher ist es, dass du mit der Zeit ein Gespür dafür bekommst, welche Gestaltungsmöglichkeiten zu deinem Thema passen und was in der heutigen Zeit gut ankommt. Am besten lässt du dich dafür immer mal wieder bei anderen erfolgreichen Unternehmern inspirieren, die in der gleichen oder sogar einer anderen Branche tätig sind. Aber Achtung: nur inspirieren lassen, nicht kopieren!

Produktiv arbeiten: Ja, auch produktives Arbeiten kann man getrost als super wichtige Fähigkeit bezeichnen. Egal, ob online oder offline. Je produktiver du arbeitest, umso bedeutendere Dinge schaffst du in kürzerer Zeit und umso schneller wirst du Geld verdienen. Die schlechte Nachricht ist allerdings: Wir werden dir an dieser Stelle nicht mehr zum Thema Produktivität erklären. Die gute Nachricht: Keine Sorge, wir lassen dich nicht im Regen stehen. Ausführliche Infos dazu findest du nämlich im sechsten Kapitel!

WIE DU DIR ALS QUEREINSTEIGER NEUE FÄHIGKEITEN ANEIGNEST

Nachdem du jetzt einiges über die zahlreichen Fähigkeiten lesen konntest, die du für ein erfolgreiches Online-Unternehmen brauchst, sagst du dir vielleicht: »O Gott! Ich kann doch nichts davon! Wie soll ich damit bitte mein Geld verdienen? Und wo fang ich überhaupt an?« Wenn dir solche Gedanken kommen, dann überlege noch mal kurz, was für ein Buch du in der Hand hältst und wer es geschrieben hat.

Ja, eine ehemalige Einzelhandelskauffrau und ein ehemaliger Elektroniker. Auch wir konnten von all diesen Dingen vor wenigen Jahren nichts. Wirklich nichts! Wir sind genauso bei null gestartet, wie du es vielleicht auch tust. Nicht mal Abi oder ein abgeschlossenes Studium haben wir.

Was wir dir damit sagen wollen: Es ist möglich, sich in all das einzuarbeiten! Leicht wird es allerdings nicht. Die Illusion wollen wir dir gleich nehmen. Es werden definitiv Momente kommen, in denen dir alles zu viel wird. Aber genau das ist auch der Punkt: Wenn es leicht wäre und jeder machen könnte, wäre es nichts Besonderes mehr. Dann würde es zu viele digitale Nomaden und Macher geben. Wer würde dann bitte noch die alten, klassischen Jobs erledigen?

Um dir aber beim Einstieg in die Lernerei so gut es geht unter die Arme zu greifen, erklären wir dir in diesem Kapitel, wie und wo wir uns selbst die unterschiedlichsten Fähigkeiten angeeignet haben. Das vereinfacht schon mal vieles!

Wo du dir Fähigkeiten aneignen kannst

Die gute Nachricht: Du musst nicht wieder die typische Schulbank drücken und dich auch nicht für irgendwelche Fortbildungen anmelden! Es gibt genügend andere Möglichkeiten, um sich Wissen über die einzelnen Fähigkeiten anzueignen. Manche davon sind kostenlos, andere wiederum nicht.

Dazu ein kleiner Tipp: Sollte dir etwas im ersten Moment zu teuer erscheinen, mach dir klar, wofür du dein Geld ausgibst. Weder für Klamotten noch für Partys, sondern für Wissen! Wissen, das dir dabei helfen wird, Geld zu verdienen, um dein Traumleben zu verwirklichen. Also ein Kostenpunkt, den du in ein paar Monaten reingeholt hast. Wir schauen bei solchen Ausgaben deshalb nie mehr auf den Preis, überlegen uns vor einem Kauf aber ganz genau, ob es uns wirklich weiterbringt. So, jetzt aber zurück zum eigentlichen Thema: wo du dir Fähigkeiten aneignen kannst.

Online-Lern-Plattformen: Ja, so was gibt es! Du meldest dich einfach an und schon stehen dir unzählige Online-Videokurse über die unterschiedlichsten

Themen zur Verfügung. Ein genialer Anbieter ist zum Beispiel »LinkedIn Learning«. Dort werden ziemlich viele Fähigkeiten vermittelt, die für einen angehenden digitalen Nomaden wie dich sehr hilfreich sein können. Zum Beispiel CSS/HTML, Wordpress, Bildbearbeitung und vieles mehr. Auch wir haben uns eine Zeit lang über diese Plattform weitergebildet und waren mega zufrieden. Nach einem ersten Gratismonat kostet der Spaß gerade mal 29,99 € pro Monat. Für uns hat sich das extrem gelohnt!

Online-Kurse: Online-Videokurse gibt es allerdings nicht nur auf größeren Lern-Plattformen, sondern werden auch oft von Unternehmen oder Bloggern angeboten, die sich auf ein bestimmtes Thema spezialisiert haben. Einzelne Online-Kurse sind zwar meist etwas teurer, dafür aber auch vollgepackt mit jeder Menge Insiderwissen, das aus langjähriger Erfahrung kommt. Außerdem erhältst du bei diesen Kursen, wenn sie gut gemacht sind, auch klare Anleitungen.

Wir haben zum Beispiel durch den Pinterest-Online-Kurs von Carolin Preuss gelernt, wie wir die Bildersuchmaschine gewinnbringend für Love & Compass nutzen können und warum sie so wichtig ist. Seitdem geht's richtig ab, und wir haben die Ausgaben dafür schon längst wieder reingeholt!

Bücher: Eigentlich selbsterklärend, oder? Es gibt wirklich unzählige Praxisbücher zu allen Themen. Du kannst sie einfach neben deinen Laptop legen und die enthaltenen Aufgaben gleichzeitig ausprobieren. Wir finden das mega genial, da dadurch Theorie und Praxis ohne Langeweile perfekt miteinander verbunden werden. In den folgenden Unterkapiteln empfehlen wir dir immer mal wieder Bücher, die uns weitergeholfen haben, und die du im Anhang noch mal ausführlich aufgelistet findest.

YouTube: Wir lieben YouTube! Es gibt dort einfach so viele kostenlose, geile Tutorial-Videos zu fast allen Fähigkeiten, die wir dir aufgezählt haben. Egal, ob SEO, Fotografie, Videoschnitt oder etwas anderes. Außerdem sind die Videos auf YouTube fast alle kostenlos! Auch wir haben dadurch schon so viel gelernt und tun es auch weiterhin. Bevor wir irgendeinen Kurs, ein Buch oder sonst was kaufen, checken wir deshalb immer zuerst YouTube ab.

Podcasts: Podcasts sind immer mehr im Kommen! Der kleine Nachteil daran: Du hast weder Video noch Text, sondern nur die Stimme des Sprechers. Der Vorteil: Du wirst nicht durch optische Reize abgelenkt, sondern kannst dich voll und ganz auf den Inhalt des Podcasts konzentrieren. Deshalb haben wir immer Stift und Zettel neben uns liegen, um die wichtigsten Kerngedanken, Tipps und Learnings einer Folge zu notieren.

Wie du dir die Fähigkeiten aneignest

Wir waren nie große Fans von Lernerei. Zumindest nicht, wenn es um das stupide Auswendigpauken in der Schule geht. Den Sinn dahinter haben wir bis heute nicht verstanden und den Großteil davon auch schon wieder vergessen. In unseren Köpfen sind aus zig Jahren Schule eigentlich nur die typischen Standards hängen geblieben wie Rechnen, Lesen, Schreiben, Englisch, ein Grundstock an Allgemeinwissen und ein paar andere Sachen. Das geht aber nicht nur uns so, sondern einem Großteil der Leute. Doch warum bleiben nur diese Dinge hängen und der Rest nicht? Ganz einfach: Du nutzt sie ständig. Sie sind für den Alltag nötig und dadurch übst du sie automatisch immer und immer wieder. Wenn nicht, wirst du sie auch irgendwann vergessen. Kleine Anekdote dazu: Da wir viel im Ausland sind und mittlerweile öfter Englisch als Deutsch sprechen, fallen uns manchmal bestimmte deutsche Wörter nicht mehr ein. Das ist kein Scherz. Wir vergessen sie tatsächlich!

Was wir dir im Endeffekt damit sagen wollen: Du wirst diese Fähigkeiten nur intensiv lernen können, wenn du wirklich Zeit reinsteckst und sie regelmäßig wiederholst. Deshalb auch die oberste Regel: Üben! Üben! Üben!

Am besten klappt das übrigens an deinem eigenen Projekt. Sieh es zu Beginn als ein großes Versuch-und-Irrtum-Spiel. Du willst gar nicht wissen, was wir in den ersten Monaten alles mit unserer Webseite angestellt haben. Gefühlt hat es uns die Seite von Love & Compass jeden zweiten Tag komplett zerschossen. Das war furchtbar anstrengend und teilweise deprimierend, aber wir haben dadurch so unglaublich viel gelernt. Da es außerdem unser eigenes Herzensprojekt war, hatten wir den starken inneren Drang, immer weiterzumachen. Egal, wie zerrupft der Blog manchmal aussah.

Jeden Tag Zeit dafür einplanen: »Aber ich hab doch keine Zeit übrig! Erst recht nicht jeden Tag!« Doch, hast du. Wenn du all das wirklich durchziehen willst, dann musst du sie haben. So einfach ist das. Außerdem ist es oft nur eine Frage der Prioritäten. Was da an der Spitze stehen sollte, müssen wir dir wohl nicht mehr erzählen, oder? Nimm dir also deshalb jeden Tag die Zeit, um an deinen neuen Skills zu arbeiten. Das kann eine Stunde sein, zwei Stunden oder deutlich länger. Bei uns waren es jeden Abend mehrere Stunden bis tief in die Nacht hinein.

Klare Ziele, klarer Plan: Damit steht und fällt der Erfolg des Lernens. Überlege dir deshalb auch, welche Fähigkeiten zu Beginn am wichtigsten sind. Du willst einen Blog aus dem Boden stampfen?

Dann solltest du dich zuerst mit Wordpress und den Grundlagen von Suchmaschinenoptimierung beschäftigen, ehe im Anschluss die ersten Texte für den Blog geschrieben werden. Du willst lieber zuerst mit YouTube durchstarten? Dann solltest du dich mit dem Filmen und Schneiden intensiv auseinandersetzen und dich danach tiefer in YouTube selbst einarbeiten. Das Wichtige dabei: Setze dir eine Deadline bzw. ein klares Ziel, bis wann du dich in ein Thema einarbeiten willst. Am besten verknüpfst du dieses Ziel direkt mit einer Verpflichtung dir selbst gegenüber. Angenommen, du liest das Buch im Spätsommer, dann könnte dein Ziel lauten: »Am 1. Dezember werde ich meinen Blog mit den ersten fünf Beiträgen veröffentlichen!« Dieses Ziel unterteilst du dann in kleinere Unterziele – wie diese hier:

- Bis zum 1. November habe ich mich in Wordpress eingearbeitet und den ersten Entwurf des Blogs gebaut. (Wir schreiben hier absichtlich Entwurf, weil sich die Seite immer wieder ändern wird und man einfach nie zufrieden ist.)

- Bis zum 15. November habe ich mich intensiv mit SEO auseinandergesetzt und den Blog angepasst.

- Bis zum 30. November habe ich die ersten fünf Blogbeiträge geschrieben und sie auf dem Blog hochgeladen.

Dadurch hast du nicht nur einen Plan vor Augen, an dem du dich Schritt für Schritt entlanghangeln kannst, sondern immer wieder kleine Erfolgserlebnisse, wenn du eines der Unterziele erreicht hast.

Sich erfolgreich abschotten: Nichts ist beim Lernen und auch Arbeiten wichtiger als der volle Fokus auf das Wesentliche. Sorge also dafür, dass du deine Ruhe hast. Schalte dein Handy aus, den Fernseher sowieso und auch das Internet, wenn du es nicht zum Lernen brauchst. Öffne am besten auch nicht die Tür, wenn's klingelt. Diese Zeit gehört nur dir und deiner Zukunft. Wenn du außerdem einmal aus der Konzentration rausgerissen wirst, ist es schwierig, wieder richtig reinzufinden.

GELD DURCH KUNDENARBEIT VERDIENEN – ZIG MÖGLICHKEITEN

Jetzt wird's richtig spannend. Es geht darum, durch Kundenarbeit Geld zu verdienen! Wie du das schaffst? Mit allen Fähigkeiten, die wir dir vorgestellt haben, und noch vielen weiteren! Vielleicht arbeitest du sogar schon in einem Beruf, der sich von unterwegs erledigen lässt? Manchmal liegt das Offensichtliche so nah, man sieht es nur nicht.

Um das herauszufinden, haben wir für dich eine ausführliche Liste mit zahlreichen Online-Jobs erstellt. Danach erzählen wir dir, wie wir selbst unser erstes Geld online verdient haben.

Mögliche Kundenjobs

1. Grafiker/-in (Logos, Illustrationen, Buchdesign etc.)
2. Virtuelle/r Assistent/-in
3. Wordpress Support
4. Web-Designer/-in
5. Web-Entwickler/-in
6. App-Entwickler/-in
7. Softwareentwickler/-in
8. Fotograf/-in
9. Bildbearbeiter/-in
10. Videoproduzent/-in
11. Socia-Media-Marketing
12. E-Mail-Marketing
13. Allgemeines Online-Marketing
14. SEO Berater/-in
15. Google Ads Manager/-in
16. Texter/-in (Werbetexte, Ghostwriting etc.)
17. Klassische/r Journalist/-in
18. Übersetzer/-in
19. Coach für ein bestimmtes Thema (dafür solltest du dich aber hervorragend in einem Thema auskennen!)
20. Kundenservice bzw. Kundensupport
21. Buchhalter/-in
22. Online-Lehrer/-in (eine Freundin von uns unterrichtet per Skype Deutsch und ist mega erfolgreich damit!)

Wie wir unser Geld verdient haben

Wir haben die ersten zwei Jahre unser Kundengeld als virtuelle Assistenten, durch Social-Media-Marketing und im Wordpress Support dazuverdient.

Virtuelle Assistenz: Als virtuelle Assistenten übernahmen wir hauptsächlich viele kleine und einfachere Aufgaben wie zum Beispiel Recherchearbeiten, das Einpflegen von neuen Beiträgen auf einer Webseite, das Versenden des Newsletters, die Beantwortung von Mails und einige andere Dinge. Diese Arbeit ist vor allem für Einsteiger perfekt geeignet. Erst recht wenn du noch kein tief greifendes Knowhow bei einem komplexeren Thema hast, aber relativ schnell an Geld kommen willst. Das war auch der Grund, warum wir als virtuelle Assistenten gestartet sind. Allerdings machten wir diese Arbeit nur, bis wir uns in die folgenden zwei Bereiche tiefer eingearbeitet hatten.

Social-Media-Marketing: Hier entwickelten wir Strategien für unsere Kunden, wie sie Kanäle wie Facebook oder Instagram bestmöglich werbewirksam nutzen können, und setzten diese anschließend auch um. »Strategien entwickeln« hört sich immer so krass an, wenn man allerdings einmal das Prinzip der einzelnen Kanäle und auch die Philosophie des jeweiligen Kunden verstanden hat, geht das oft einfacher als gedacht. Ich muss aber auch dazu sagen, dass Marco hierfür einen sechsten Sinn und den Blick fürs große Ganze hat. Oft schaut er sich ein Unternehmen und dessen bisherige Social-Media-Umsetzung nur wenige Minuten an und schon fallen ihm sofort zig Schrauben auf, an denen man drehen sollte.

Wordpress Support: Dabei kümmerten wir uns um jede Menge Aufgaben, die mit dem bekannten CMS in Verbindung stehen. Wie zum Beispiel die Domain-Registrierung, das Installieren von Wordpress, das Einrichten des Cachings, das Anpassen des ersten Grunddesigns, die Einweisung des Kunden und das Aussprechen von persönlichen Empfehlungen. Da Love & Compass selbst auf Wordpress basiert, haben wir uns in dieses Thema ziemlich schnell reingefuchst und konnten dafür auch bald unsere Dienste anbieten. Das ständige Üben am Blog hat uns also nicht nur bei unserem eigenen Projekt weitergebracht, sondern auch die Kundenarbeit ermöglicht. Win-Win-Situation!

KUNDEN ALS FREELANCER FINDEN

Also, zu Beginn dieses Abschnitts müssen wir vermutlich erst mal mit einem hartnäckigen Gerücht aufräumen: Nein, du brauchst keine jahrelange Erfahrung in einer der Fähigkeiten, die wir auf den letzten Seiten besprochen haben, um online Kunden zu finden. Auch keine Ausbildung, Weiterbildung oder sonst was. Wir und ganz viele andere hatten das auch nicht. Was zählt, sind deine Bereitschaft, dich richtig reinzufuchsen, und deine Begeisterung, die dich dazu antreibt.

Wichtig ist also, dass du dich in das Thema, mit dem du als Freiberufler Geld verdienen willst, intensiv einarbeitest. Nicht nur durch Bücher, Online-Kurse oder Podcasts, sondern vor allem durch noch mehr Übung als sowieso schon! Du musst direkt bei deinem ersten Kunden zeigen können, dass du es drauf hast. Wichtig ist außerdem, dass dir die jeweilige Fähigkeit wirklich liegt und dir auch Spaß macht. Das überträgt sich nicht nur auf das Endergebnis, sondern auch der Kunde spürt das.
Damit du aber überhaupt deine ersten Aufträge an Land ziehen kannst, haben wir einen kleinen Leitfaden mit den acht wichtigsten Schritten für dich erstellt.

Spezialisiere dich auf ein Thema bzw. finde deine Nische

Viele Dienstleister denken, sie müssten sich in ihrem Tätigkeitsfeld breit aufstellen, um so viele Kunden wie möglich anzuziehen. Das ist allerdings meist ein Schuss in den Ofen! Es macht nämlich keinen besonders seriösen Eindruck, wenn man als Einzelunternehmer behauptet, in fünf verschiedenen Bereichen geile Arbeit abliefern zu können. Meistens ist das Gegenteil der Fall. Man kann zwar alles ein bisschen, aber nichts davon richtig gut.

Deshalb ist es super wichtig, dich auf ein bestimmtes Thema zu spezialisieren und dort deine Nische zu finden. Womit wir schon wieder zu einem neuen Fachbegriff kommen: die Nische! Normalerweise ist eine Nische eine Marktlücke. Du kannst sie allerdings auch als ein Unterthema eines großen Hauptthemas sehen. Dieses Unterthema kann dann noch mal in weitere Unterthemen aufgeteilt werden. Je spezieller dein Thema am Ende ist, umso »nischiger« ist die Fähigkeit, die du deinen Kunden anbietest. Beispiel:

Hauptthema: Fotograf/-in:

1. Unterthema: Paarfotograf/-in
2. Unterthema: Hochzeitsfotograf/-in
3. Unterthema: Hochzeitsfotograf/-in für Strandhochzeiten

Als Hochzeitsfotograf für Strandhochzeiten gibt es zwar weniger potenzielle Kunden als für einen Paarfotografen, aber auch weniger Konkurrenz. Umso größer ist dadurch die Chance, dass du zwischen deinen Mitbewerbern herausstechen kannst. Überlege dir also ganz genau, auf welche Fähigkeit du dich spezialisieren willst, und finde deine passende Nische dafür.

Erstelle eine kleine Webseite für deine Tätigkeiten

Nichts geht über eine eigene Webseite, wenn du deine Arbeit professionell vermarkten willst. Dadurch kann sich ein Kunde einen schnellen Eindruck über dich und deinen Service verschaffen. Baue die Webseite allerdings getrennt von deinem Herzensprojekt auf, da das eine meist nichts mit dem anderen zu tun hat. Oft entscheidet übrigens schon eine starke Webseite darüber, ob jemand mit dir zusammenarbeiten will oder nicht. Sie ist dein Aushängeschild und repräsentiert dich oft schon vor dem ersten richtigen Kundenkontakt. Deshalb nun ein paar wichtige Schritte, die du dabei beachten solltest:

- Erstelle eine »Über-mich-Seite«. Das ist ein Abschnitt auf deiner Webseite, in dem der Kunde erfahren kann, wer du bist und warum du diese Tätigkeit an bietest. Wichtig ist, dass du dabei authentisch, ehrlich und vertrauenswürdig rüberkommst. Ein Text mit Stock im Arsch bringt hier nichts. Der Kunde soll sich mit dir identifizieren können!
- Binde Testimonials ein. Ein Testimonial ist eine Art Fazit bzw. eine Bewertung eines Kunden über die Zusammenarbeit mit dir.
- Schreibe kurze, knackige, informative und möglichst mitreißende Texte! Kein Kunde der Welt will stundenlang lesen, sondern sofort verstehen, was du zu bieten hast und wie du ihm helfen kannst.

- Erstelle ein Portfolio, also eine Übersicht über Aufträge, die du bereits erfolgreich abgeschlossen hast. So können sich potenzielle Kunden ein besseres Bild über deine Arbeit und Erfahrung machen.
- Schreibe nicht nur darüber, was deine Dienstleistung beinhaltet, sondern sprich die Probleme an, die du löst. Zum Beispiel: »Suchst du einen virtuellen Assistenten, der zeitfressende Aufgaben übernimmt und dir mehr Freiraum für die wichtigen Dinge verschafft? Dann bin ich der Richtige für dich!«
- Zeig klar und übersichtlich, wie du erreichbar bist. Per Mail, per Telefon, per Skype oder sogar per WhatsApp.
- Gib dir Mühe beim Design! Je ansprechender deine Webseite ist, umso eher wird ein Kunde mit dir intensiver über einen möglichen Auftrag reden.

Baue ein erstes kleines Portfolio auf

Wie gerade geschrieben, solltest du auf deiner Webseite ein Portfolio erstellen. Was aber, wenn du noch keine Erfahrung hast und daher auch nicht über abgeschlossene Kundenaufträge verfügst? Dann arbeite zunächst umsonst oder für wenig Geld für Freunde, Familie, Bekannte und deine ersten Kunden. Allerdings nur so lange, bis du zwei bis drei kleinere Aufträge abgeschlossen hast und dir dadurch ein erstes Portfolio erstellen kannst. Danach solltest du dich niemals wieder unter Wert verkaufen! Dazu aber später noch mehr im Buch. Verlange außerdem im Gegenzug für deine günstige bzw. unbezahlte Arbeit ein kleines Testimonial, das du ebenfalls auf deiner Webseite einbinden kannst.

Vernetze dich mit anderen

Wir haben ja schon im zweiten Kapitel ab Seite 65 angesprochen, wie wichtig es ist, dich mit den richtigen Menschen zu vernetzen und wie es funktionieren kann. Das dient aber nicht nur dazu, dir ein positives Umfeld aus Gleichgesinnten aufzubauen, sondern auch dazu, mögliche Kunden zu finden. Trotzdem solltest du beim Vernetzen nicht versuchen, jedem deine Dienstleistungen anzudrehen. Ganz im Gegenteil. Der Sinn davon ist, neue Menschen kennenzulernen und Beziehungen in der Online-Welt aufzubauen. Völlig zwanglos und ohne Hintergedanken. Meistens kommt man beim gegenseitigen Austausch sowieso schnell auf Themen wie Business und Geld verdienen zu sprechen. Aber selbst jetzt sollte der Austausch weiterhin auf einer freundschaftlichen Basis ablaufen. Möglichkeiten der Zusammenarbeit kommen dann mit der Zeit von ganz allein. Und selbst wenn dein Gesprächspartner keine Arbeit für dich hat, kennt er vielleicht jemanden, der eine helfende Hand benötigt.

Dieser Weg ist zwar etwas langatmiger, allerdings kannst du mit dem Vernetzen

schon beginnen, bevor du mit einer deiner neuen Fähigkeiten weit genug bist, um damit Geld zu verdienen. Wir haben auf diese Weise unsere ersten Kunden gefunden und gleichzeitig jede Menge inspirierende Menschen kennengelernt. Netzwerken lohnt sich also doppelt!

Stell dich in Facebook-Gruppen vor

Auch das ist eine Möglichkeit, deine Dienstleistung vorzustellen. Manche dieser Gruppen sind extra dazu da, um Kunden mit Freiberuflern zu verbinden. Andere wiederum sind eher Gruppen zum gegenseitigen Austausch, in denen du dich aber auch mit deinem Können vorstellen kannst. Lass es allerdings nicht zu sehr nach Eigenwerbung aussehen, sondern eher nach Interesse am gegenseitigen Austausch. In etwa so:

»Hey, ich bin XY!

Erst mal danke für die Aufnahme! Am XX.XX.20XX starte ich in mein neues Leben als digitaler Nomade und freue mich riesig auf den Austausch in der Gruppe. Doch nun zu mir, ich möchte mich erst mal kurz vorstellen. Die letzten Jahre war ich fest angestellt als (dein Beruf) und jetzt will ich mein Leben endlich in die eigenen Hände nehmen. Daher arbeite ich seit Kurzem an meinem eigenen Herzensprojekt über XY.
Um bereits nebenbei das erste Geld zu verdienen, habe ich mich außerdem die letzten Monate intensiv in den Bereich XY eingearbeitet und auch schon ein paar erste kleinere Aufträge an Land gezogen! Hätte irgendwie nie gedacht, dass man mit Wille, Leidenschaft und Energie in so kurzer Zeit so viel schaffen kann. Ein paar freie Plätze in meinem Terminkalender hätte ich trotzdem noch frei.

Kommt hier eigentlich noch jemand aus XY, ist gerade in der Heimat und hätte Lust, sich mal zu treffen, um sich mit mir auszutauschen?

Liebe Grüße an alle, XY«

Wenn du diesen Text noch ausführlicher, persönlicher und liebevoller verpackst, kann es gut sein, dass sich jemand bei dir meldet, um dich und deine Arbeit besser kennenzulernen.

Ein paar mögliche Gruppen:

- www.facebook.com/groups/VirtuelleAssistenten/
- www.facebook.com/groups Texterjobs/
- www.facebook.com/groups/artdirectorenjobs/
- www.facebook.com/groups/jobsforcreatives/
- www.facebook.com/groups/socialmediajobsCMN/
- www.facebook.com/groups/Illustratorenjobs/

- www.facebook.com/groups/CONNECTMENOW/

Diese beiden Gruppen haben wir bereits im zweiten Kapitel vorgestellt, wollen sie aber zur Erinnerung hier auch noch einmal nennen:

- www.facebook.com/groups/digitalenomaden/
- www.facebook.com/groups/dnxberlin/

Weiterempfehlung

Eine ehrliche Weiterempfehlung ist die beste Möglichkeit, neue Kunden zu gewinnen, da sie meist automatisch erfolgt. Wenn ein Kunde mit deiner Arbeit zufrieden ist, wird er nicht nur in Zukunft mit dir zusammenarbeiten, sondern deinen Kontakt auch Bekannten und Kollegen bei Bedarf weiterleiten.

Allerdings kannst du auch immer etwas nachhelfen und deinen Kunden einfach ganz direkt fragen, ob er jemanden in seinem Umfeld kennt, der ebenfalls deine Hilfe benötigt. Vielleicht ist er sogar dazu bereit, dich auf seiner Webseite zu verlinken oder einen kurzen Social-Media-Post, zum Beispiel in Facebook, über eure Zusammenarbeit zu verfassen.

Bitte auch hier den Kunden außerdem darum, ein kurzes Testimonial für dich zu schreiben, das du anschließend auf deiner Webseite veröffentlichen kannst.

Online-Portale

Mittlerweile gibt es eine große Anzahl von Online-Portalen, die zwischen potenziellen Kunden und Dienstleistern bzw. Freiberuflern vermitteln. Du musst dich dazu registrieren, ein Profil anlegen und deine Dienstleistung beschreiben. Anschließend kannst du dich entweder auf ausgeschriebene Aufträge bewerben oder wirst direkt von einem Auftraggeber angeschrieben. Bekannte Portale sind unter anderem diese hier:

- Upwork: www.upwork.com
- Freelancer: www.freelancer.de
- Freelance: www.freelance.de
- Freelancemap: www.freelancermap.de
- Twago: www.twago.de
- 99Designs: 99designs.de/designers
- Designenlassen: www.designenlassen.de
- Textbroker: www.textbroker.de
- Tolingo: www.tolingo.com/sites/en/vendors/

Solche Portale haben allerdings zwei Nachteile: Die Bezahlung ist oft ziemlich mies und die Konkurrenz meist extrem groß. Erfolgreiche Kundengewinnung hängt deshalb stark von einem überzeugenden Profil ab. Schau dazu einfach mal auf den Profilen deiner Konkurrenten vorbei, die bereits viele Aufträge abgeschlossen und hervorragende Bewertungen erhalten haben. Irgendetwas machen diese Personen offensichtlich richtig. Wichtig ist aber auch hier, dass du einfach aus der Masse herausstichst. Nicht nur durch deine Dienstleistung, die bieten nämlich zig andere auch an, sondern durch deine Nische und dein einzigartiges Auftreten.

Hinweis: Meist haben solche Portale einen eigenen Blog, auf dem sie sogar Tipps für ein erfolgreiches Profil verraten. Schau dort also mal genauer nach.

Kaltaquise

Kaltaquise ist ziemlich retro. Im Prinzip bedeutet es nichts anderes, als potenzielle Kunden, mit denen du zuvor noch nie in Kontakt standst, anzurufen oder ihnen eine E-Mail zu schreiben, um deine Dienstleistung vorzustellen. Dazu musst du aber erst mal Telefonnummern, Mail-Adressen und, wenn möglich, auch den richtigen Ansprechpartner im Internet recherchieren und solltest auch mit einer relativ hohen Absagequote rechnen. Definitiv eine Art der Kundengewinnung, die man mögen muss. Wir selbst mochten sie nicht und haben uns deshalb auf Weiterempfehlungen und die richtige Vernetzung konzentriert.

FINDE DEIN EIGENES HERZENSPROJEKT

Genug über Kundenarbeit gequasselt. Viel wichtiger sollte nämlich dein eigenes Herzensprojekt sein! Auf den folgenden Seiten erfährst du, was du dafür an Voraussetzungen mitbringen solltest und wie du am geschicktesten darauf hinarbeitest.

Wir könnten dir jetzt direkt zu Beginn sagen: Such dir am besten einen Bereich, in dem die Leute viel Geld ausgeben! Aber nein, das machen wir natürlich nicht. Wir würden dich damit nämlich nur in die Irre führen. Viel wichtiger sind nämlich zwei andere Dinge.

Für das eigene Herzensprojekt brennen

Musst du! Wirklich! Wenn du mit deinem eigenen Projekt durchstarten willst, brauchst du jede Menge Leidenschaft, Liebe und innere Antriebskraft dafür. Unternehmer wie Bill Gates oder Steve Jobs sind nicht erfolgreich geworden, weil sie so talentiert waren, sondern weil sie das, was sie machten, verkörperten. Sie lebten den Scheiß! Jeden Tag und aus ganzem Herzen!

Und genau das ist es, was auch du tun musst. Dir ein Herzensprojekt suchen, in dem du voll aufgehst. Ein Projekt, das dich glücklich macht, weil es sich einfach richtig anfühlt, und an dem du jeden Tag gleich in der Früh weiterarbeiten willst. Immer und immer wieder. Denn nur dann wirst du auch miese Momente überstehen können und ein Durchhaltevermögen entwickeln, das dir haufenweise Energie verleiht!

Überlege dir deshalb ganz genau, was deine Leidenschaften und Hobbys sind. Was machst du gerne? Was bringt dir innere Zufriedenheit? Wofür schlägt dein Herz? Gibt es sogar Dinge, die du vielleicht schon immer mal machen wolltest, aber nie in Angriff genommen hast? Manchmal muss man eine Leidenschaft oder ein Hobby erst finden und sich in bestimmten Dingen ausprobieren. Schreibe deshalb erst mal alles auf und denke noch gar nicht daran, ob es sich als Business eignet oder nicht.

Probleme lösen und dadurch Menschen helfen

Daran führt kein Weg vorbei! Wenn Leute ein Problem haben, geben sie auch gerne Geld für eine Lösung aus. Da du jetzt außerdem ein paar deiner Leidenschaften aufgeschrieben hast, geh sie doch mal einzeln durch und überlege dir, vor welchen Problemen du selbst schon gestanden hast oder andere stehen könnten. Meistens gibt's nämlich immer ein Problem! Wenn dir nun mehrere eingefallen sind, mach dir auch direkt Gedanken dazu, wie man sie lösen könnte.

Beispiel: Du liebst es, italienisch zu kochen. Dein Problem: Du bist Vegetarier und findest daher nur wenige passende Rezepte im Internet. Die Lösung: ein Blog oder ein YouTube-Kanal, wo du selbst kreierte italienische vegetarische Rezepte veröffentlichst. Du kannst sie zum Beispiel vor der Kamera vorkochen oder ausführliche Blogbeiträge mit exakten Zutatenlisten darüber schreiben. Außerdem lassen sich auch super gut Produkte umsetzen, die du anschließend verkaufen kannst. Wie wäre es zum Beispiel mit einem eigenen Kochbuch oder einem Online-Kurs, wie man als Vegetarier richtig italienisch kochen lernt?

Noch ein Beispiel: Du zeichnest für dein Leben gern Mangas. Wie hast du es dir beigebracht? Vielleicht selbst, weil es kaum oder nur wenige Infos dazu gibt? Ist es dir schwergefallen und hättest du gerne Hilfe gehabt? Könnte es auch anderen Menschen schwerfallen? Ja, kann es! Sara zum Beispiel. Sie zeichnet mega gerne und hat sich deshalb ein Buch gekauft, um besser zeichnen zu lernen. Warum also kein Workbook entwerfen, wie man besser Mangas zeichnen lernt? Oder einen Online-Kurs anbieten, bei dem potenzielle Käufer dir direkt über die Schulter schauen können?

Du siehst, selbst bei abgefahrenen und speziellen Themen wie »Mangas zeichnen« gibt es Menschen, die Probleme haben und Unterstützung suchen. Wenn du es also schaffst, anderen mit deinem Herzensprojekt unter die Arme zu greifen, sind sie auch bereit, Geld dafür auszugeben! Wichtig ist aber natürlich auch hier: Stecke deine volle Leidenschaft und Liebe in die Produkte, die du am Ende verkaufen willst! Für uns ist es eines der grundlegendsten Prinzipien, dass wir hundertprozentig hinter der Art und Weise stehen, wie wir mit Love & Compass unser Geld verdienen. Käufer spüren nämlich diese Begeisterung und lassen sich davon anstecken!

Recherchieren, ob Nachfrage besteht

Du hast vielleicht schon eine Idee? Hammer! Bevor du jetzt wie wild loslegst, solltest du aber dringend noch recherchieren, ob überhaupt Nachfrage besteht. Checke zu dem Thema zunächst mal Amazon. Vielleicht gibt es ja bereits Produkte, die in eine ähnliche Richtung gehen. Wenn wir »vegetarisch italienisch« eintippen, werden uns direkt ein paar Kochbücher und einige Bewertungen angezeigt. Was das heißt? Dass es schon mal Menschen gibt, die dafür Geld ausgeben. Sehr gut!

Als Zweites überprüfen wir dann die Suchanfragen bei Google und schauen, wie oft welche Schlüsselwörter (Keywords) pro Monat gegoogelt werden. Dazu gibt es sogenannte Keyword-Tools, die das für dich herausfinden. Gute Tools kosten zwar meist etwas, sind aber jeden Cent wert. Zum Beispiel der KWFinder, das Keywordtool.io, Ahrefs oder auch SEMRush. Es gibt auch gratis Tools, die sind aber meist sehr eingeschränkt und oft auch ungenau.

In ein Keyword-Tool kannst du nun sämtliche Suchbegriffe eingeben, die dir durch den Kopf schießen. Zum Beispiel »italienisch vegetarisch«. Anschließend checkt das Programm für dich, wie oft dieser Begriff pro Monat in Google gesucht wird, und zeigt dir anschließend die Anzahl an. Lass hier deiner Kreativität freien Lauf, denk um drei Ecken und überlege, wie du selbst bei Google suchst. Weitere Möglichkeiten wären unter anderem auch: »vegetarisches Lasagne Rezept«, »vegetarische Bolognese«, »vegetarische Pizza« und vieles mehr. Je höher die Suchanfragen pro Monat, umso größer die Nachfrage! Je höher die Nachfrage, umso größer aber auch die Konkurrenz. Dazu kommen wir gleich im nächsten Punkt.

Hinweis: Generell ist eine gute Keyword-Recherche sehr wichtig und ein Thema, in das du dich unbedingt einarbeiten solltest. Sie ist Teil der Suchmaschinenoptimierung, die wir dir ab Seite 137 kurz erklärt haben. Einen ausführlichen, hilfreichen Beitrag dazu gibt es auf diesem Blog: https://online-marketing-site.de/ key- word-recherche/

Die Nachfrage ist hoch, die Konkurrenz aber auch – was nun?

Um ehrlich zu sein: völlig egal! Konkurrenz gibt's immer. Es gibt kaum noch Themen, bei denen du der oder die Einzige auf dem Markt sein wirst. Vor allem nicht im Internet. Wenn du also eine Idee gefunden hast, die du unbedingt umsetzen willst, dann lass dich nicht von deiner Konkurrenz abhalten, sondern nutze sie, um dein Profil zu schärfen. Schau dir an, was gut bei ihnen läuft, was nicht so gut funktioniert, und überlege, was du anders und besser machen kannst. Wie du dich ABHEBEN kannst! Es gibt ständig Verbesserungsbedarf, und es schießen nicht umsonst immer wieder neue Unternehmen durch die Decke, die Altbekanntes einfach schlauer und zeitgemäßer umsetzen. Gib doch einfach mal in Amazon den Begriff »Andalusien Reiseführer« ein. Du wirst Hunderte Bücher finden. Bücher von großen Konkurrenten wie Lonely Planet, Marco Polo etc. Trotzdem hat es unser Reiseführer unter die Top 3 geschafft und gehört zu denjenigen mit den besten Bewertungen. Der Grund: Wir haben keinen Reiseführer der alten Schule herausgebracht, sondern ein Buch mit modernem Design, lockerem Schreibstil und kurzen, knackigen Infos. Das spricht zwar die ältere Generation weniger an, dafür aber die jüngere umso mehr. Und genau die wollen wir ja auch erreichen!
Außerdem kannst du selbst für weniger Konkurrenz sorgen, indem du eine kleinere, tiefere Nische wählst. Anstatt »vegetarisch italienisch kochen« könntest du dich auch nur auf »vegetarische italienische Pasta kochen« spezialisieren. Also nur Nudelgerichte. Eine kleinere Nische ist vor allem gut, wenn du startest und erst einmal Fuß fassen willst. Je größer dein Projekt allerdings wird, umso mehr kannst du deine kleine Nische auch verlassen und die breiteren Nischen erobern.

Entscheide dich für eine Hauptplattform

Du hast eine Idee gefunden? Check! Du hast die Nachfrage überprüft? Check! Du willst endlich loslegen? Dann müssen wir jetzt noch kurz über die Hauptplattform reden, über die du dein Business umsetzen willst. Also ein Medium, das deine volle Konzentration erhält und das Zentrum deines Business ist. Das kann ein Blog sein, ein YouTube-Kanal, ein Online-Shop oder etwas ganz anderes.
Wir haben uns gezielt für einen Blog entschieden, da man durch ihn perfekt eine treue Community aufbauen und viele verschiedene Möglichkeiten vereinen kann, Geld zu verdienen. Das läuft dann, vereinfacht gesagt, so ab:

Das Zentrum ist der Blog. Dort finden potenzielle Leser unsere Beiträge und können auch unsere Produkte kaufen. Durch Google oder Pinterest kommt nun ein neuer Leser auf unsere Seite,

liest den gewünschten Beitrag und findet ihn super hilfreich. Was wird er also machen? Sich Love & Compass merken und schauen, ob er noch weitere passende Beiträge findet, die genauso hilfreich sind. Wenn ja, gewinnen wir Stück für Stück sein Vertrauen. Die Folge: Er will irgendwann alles mitbekommen, was wir so machen, fängt an, uns auf Social Media zu folgen, und wird somit Teil unserer Community. Das nächste Ziel ist nun, auch durch unsere Posts auf Social Media immer weiter Vertrauen zu schaffen und dem Leser zu zeigen, dass wir authentisch und ehrlich sind. Wenn das klappt, wird aus dem Leser vielleicht ein Kunde, der am Ende sogar unsere Produkte kauft oder auch Unterkünfte, Touren, Flüge, Reiseequipment oder andere Dinge über unsere Affiliate-Links bucht.
Aber wie gesagt, das Ganze klappt nicht nur mit einem Blog, sondern auch mit YouTube oder sogar einem geilen Podcast. Vor allem YouTube scheint in den letzten Jahren eine noch bessere Plattform geworden zu sein, um sich eine treue Community aufzubauen. Hier erwarten einen als Zuschauer nicht nur Texte und Bilder, sondern es zeigt sich der ganze Mensch. Wie er spricht, wie er läuft, wie er isst, wie er lacht, wie er atmet. Einfach, wie er sich verhält! Das erzeugt eine viel bessere persönliche Bindung zum Zuschauer, denn der hat das Gefühl, wirklich im Geschehen dabei zu sein. Als würde man die Dinge mit den Augen eines anderen sehen!

MÖGLICHKEITEN, MIT DEINEM HERZENSPROJEKT GELD ZU VERDIENEN

Dir spukt bereits eine gute Idee im Kopf herum? Dann sollten wir mal darüber quatschen, wie du dein eigenes Herzensprojekt überhaupt monetarisieren, also dein Business zu einer Geldmaschine machen kannst. Möglichkeiten dafür gibt es jede Menge und die beliebtesten kramen wir für dich nun aus unserer Trickkiste hervor.

Das Geniale an all diesen verschiedenen Möglichkeiten: Du musst dich nicht nur für eine entscheiden, sondern kannst nach und nach mehrere in dein Herzensprojekt integrieren. Erst recht als Blogger! Um ehrlich zu sein, ist es sogar unglaublich wichtig, dass du dein zukünftiges Business auf verschiedenen Säulen aufbaust. Bricht nämlich eine davon weg, hast du immer noch ein paar andere, die weiterhin für ein Einkommen sorgen. Aber auch hier gilt: Du wirst durch die verschiedenen Möglichkeiten nur Einnahmen generieren, wenn du einen Mehrwert schaffst und ein Problem löst.

Digitale Infoprodukte

Digitale Infoprodukte sind Güter, die Wissen vermitteln und die nur digital, also auf deinem Laptop, deinem Smartphone, deinem E-Book-Reader oder

00:00:00
TRAFFER
SLO-MO

auch deinem Tablet genutzt werden können. Du kannst sie im übertragenen Sinn nicht anfassen und auch nicht zu Hause in den Schrank legen, stattdessen aber auf der Festplatte deiner technischen Geräte »lagern«. Die bekanntesten digitalen Produkte sind E-Books und Online-Kurse. Es gibt aber auch Hörbücher und Mitgliederbereiche. Hier mal ein paar Beispiele:

- E-Book, um zu mehr Selbstliebe zu finden
- Online-Kurs, wie man Bildbearbeitung mit Adobe Lightroom lernt
- Hörbuch, um in die Kunst der Meditation einzutauchen
- Mitgliederbereich zum Thema Hundetraining

Während in einem E-Book nur der Text und in einem Hörbuch nur die Stimme zum Einsatz kommen, versuchen Online-Kurse meist beides zu mischen und bringen oft auch Videos mit rein. Ganz anders sind dagegen kostenpflichtige Mitgliederbereiche. Hier gibt es zwar auch vieles zu sehen, lesen und hören, allerdings steht der gegenseitige Austausch mit Gleichgesinnten im Vordergrund. Ein sehr erfolgreicher Mitgliederbereich ist zum Beispiel der Citizen Circle. Hier dreht sich alles um das ortsunabhängige Unternehmertum und es werden nur in regelmäßigen Abständen neue Mitglieder zugelassen.

Unsere beiden Reiseführer gelten übrigens auch als digitale Infoprodukte, zumindest in ihrer E-Book-Version. Sie vermitteln dem Käufer Wissen über die jeweilige Region und greifen ihm gleichzeitig bei der Reiseplanung unter die Arme. Deshalb solltest du dich bei der Themenfindung nie einschränken und deiner Fantasie erst mal freien Lauf lassen. In fast jedem Bereich sind nämlich digitale Infoprodukte gefragt! Egal, ob es um gesunde Ernährung, Geld verdienen, Tiere, Persönlichkeitsentwicklung, Sport usw. geht. Aber auch nur, wenn du damit ein Problem löst und der Inhalt überzeugen kann. Jap, wir haben's jetzt schon oft genug gesagt. Wir würden es aber nicht immer und immer wieder aussprechen, wenn es nicht so unfassbar wichtig wäre!

Was du sonst noch beachten musst: Der Erfolg eines geilen digitalen Produkts ist nicht nur von seinem Inhalt abhängig, sondern auch von einem guten Marketing. Wichtig ist dabei zunächst eine wirklich überzeugende Verkaufsseite, eine sogenannte Landing Page, auf die der Kunde kommt, wenn er das Produkt kaufen will. Diese sollte logisch aufgebaut sein und dem Kunden deutlich zeigen, warum ihm dein Produkt weiterhelfen wird. Auch mehrere Bezahloptionen solltest du anbieten. Wir hatten bei unserem ersten Reiseführer über die indonesische Insel Nusa Penida anfangs

nur PayPal als Bezahlmöglichkeit. Das war ein kompletter Schuss in den Ofen. Es gibt zwar unzählige Menschen, die PayPal nutzen, aber immer noch genug, die es nicht tun. Mittlerweile kann man deshalb bei uns auch mit Kreditkarte, Sofortüberweisung, Banküberweisung und auch SEPA Lastschrift bezahlen. Lass außerdem auf deiner Verkaufsseite Kunden zu Wort kommen und sie kleine Testimonials über das Produkt schreiben. Das schafft Vertrauen. Genauso wie eine Geld-zurück-Garantie, die du deutlich sichtbar auf der Landing Page anzeigen solltest.
Was ebenfalls super zieht: eine kleine Leseprobe zum Reinschnuppern. Wir haben selbst eine auf der Landing Page des Andalusienreiseführers eingebunden und sie wird super oft angeschaut. Ein potenzieller Käufer kann sich dadurch noch besser von unserem Produkt überzeugen.

Keine Schnellschüsse: Um dein Angebot bekannter zu machen, solltest du dir überlegen, gezielt Werbung in Google, Facebook oder auch Instagram zu schalten. Arbeite dich in diese Themen aber vorher unbedingt etwas ein oder frage einen Profi um Rat, da du sonst sinnlos Geld in den Sand setzt. Außerdem kannst du auch Affiliate-Partner ins Boot holen, die dein Produkt auf ihrer eigenen Webseite vermarkten und anschließend von dir eine kleine Provision bei einem Verkauf bekommen. Können wir absolut empfehlen, wir verdienen dadurch zwar etwas weniger pro Stück, verkaufen gleichzeitig aber viel mehr!

Ausführliche Infos zum Thema Affiliate-Marketing folgen noch etwas später im Kapitel.

Puh, das war jetzt ganz schön viel, oder? Das ist es auch! Und das war noch lange nicht alles. Vor allem, wenn es am Ende ins Detail geht, kommen noch weitere Feinheiten dazu, die in diesem Buch aber zu viel des Guten wären. Wenn es so weit ist, musst du dir einfach ordentlich Zeit nehmen, um dich intensiv in dein Thema reinzufuchsen und dein digitales Infoprodukt genau zu planen. Wichtig ist, dass du keinen Schnellschuss wagst, nur um rasch ein paar Euros zu verdienen. Das funktioniert nicht und es wäre schade um die geniale Möglichkeit.

Digitale Infoprodukte haben nämlich ein paar hammermäßige Vorteile im Vergleich zu physischen Produkten. Sie nehmen weder Platz beim Käufer weg, noch kosten sie dich Lager- und Versandkosten. Auch die Investitionskosten sind oft deutlich geringer. Hinzu kommt, dass du das Produkt nur einmal »herstellen« musst und es dann immer zur Verfügung steht. Physische Gegenstände sind dagegen irgendwann ausverkauft und müssen erneut produziert werden.

Physische Produkte

Physische Produkte sind das genaue Gegenteil von digitalen Gütern. Sie umfassen alles Handfeste, Greifbare wie Kleidung, technische Geräte, Essen, Möbel, gedruckte Bücher usw. Im Vergleich zu digitalen Produkten hast du allerdings von Anfang an deutlich höhere Investitionskosten, da du für die Herstellung der Waren in Vorkasse gehen musst. Überlege dir deshalb ganz genau, welches Produkt du produzieren lassen willst, ob es wirklich Sinn macht und ob überhaupt Interesse daran besteht. Es sorgt nämlich nicht gerade für gute Laune, ein paar tausend Euro in den Sand zu setzen. Außerdem kommen noch Aufgaben wie Lagerhaltung, Versand, Retouren und die Erstellung eines Online-Shops auf dich zu. Lass uns raten, dir schießt nun eine Frage durch den Kopf: »Wie könnt ihr euren Reiseführer drucken lassen, lagern und versenden, wenn ihr in Kuala Lumpur lebt und fast nie in Deutschland seid?«

Fulfillment-Service: So lautet das Zauberwort dafür. Wir übernehmen dadurch nicht selbst die Lagerung und den Versand des Buches, sondern ein Logistikdienstleister, mit dem wir zusammenarbeiten. Wir geben also den Druck des Buches in Auftrag, lassen uns einen Probedruck nach Kuala Lumpur schicken und anschließend geht der Rest der Ware an das Logistikunternehmen. Kommt nun eine Bestellung über unsere Webseite oder Amazon rein, wird die Lieferadresse völlig automatisch an das Lager weitergeleitet, das Buch verpackt und innerhalb eines Arbeitstages verschickt. Ohne dass wir vor Ort sein und selbst Hand anlegen müssen. Auch Retouren werden so abgewickelt. Ein Fulfillment-Service ermöglicht es uns also, unser ortsunabhängiges Leben problemlos weiterzuführen und gleichzeitig nicht auf den Handel mit physischen Produkten verzichten zu müssen. Geiler geht's nicht, auch wenn wir einen kleinen Teil unseres Gewinns an den Dienstleiter abdrücken müssen. Das ist uns unsere Freiheit aber mehr als wert!

Tipp: Du kannst eigene Produkte nicht nur über deine Webseite oder einen eigenen Online-Shop verkaufen, sondern auch bei Amazon. Entweder lässt du sie dort nur im Shop einstellen, lagerst und versendest aber weiterhin über einen anderen Logistikdienstleister oder du schickst die Produkte direkt zu Amazon, das ebenfalls diese Aufgaben für dich übernehmen kann. Beide Optionen lässt sich Amazon zwar gut bezahlen, dafür steht dir aber auch die Reichweite des größten Online-Shops der Welt zur Verfügung. Wir verkaufen mittlerweile selbst über Amazon, lagern aber weiterhin bei einem anderen Fulfillment-Dienstleister.
Sobald du übrigens mit physischen Waren im Internet handelst, nennt man

das E-Commerce. Wenn du nun tiefer in das Thema einsteigen willst, gibt's einige gute Quellen im Internet. Unter anderem den E-Commerce Blog Private Label Journey (https://privatelabeljourney.de), der sich komplett um den Handel auf Amazon dreht, das E-Commerce Magazin (www.e-commerce-magazin.de) oder auch folgendes Buch zum Thema: »Das E-Commerce Buch« (siehe Bücherempfehlungen Seite 220).

Webinare

In den letzten zwei bis drei Jahren sind Webinare richtig durch die Decke geschossen. Oft werden sie als kostenlose Marketingstrategie verwendet, um potenzielle Kunden in einem Live Stream vom eigenen Produkt zu überzeugen. Mittlerweile gibt es aber auch immer mehr Webinare, die etwas kosten und dementsprechend auch hochwertigere Inhalte anbieten. Oft sind das Online-Schulungen, Kurse oder Seminare, die handfestes Wissen vermitteln. Stell dir ein Webinar ungefähr wie ein digitales Klassenzimmer vor. Du bist der Lehrer und bringst deinen Schülern live per Kamera ein bestimmtes Thema näher. Das Klassenzimmer stellt dann einer der vielen Webinar-Anbieter zur Verfügung und du kannst selbst entscheiden, wie viele »Schüler« am Ende teilnehmen dürfen. Beliebte Webinar-Anbieter sind unter anderem edudip, GoToWebinar, Zoom oder auch ClickMeeting. Der große Vorteil eines Webinars ist die Liveübertragung. Dadurch besteht immer die Möglichkeit, Fragen zu stellen und direkt im Austausch zu sein.

Ein geniales Buch zum Thema Webinare ist übrigens »150 kreative Webinar Methoden« (siehe Bücherempfehlungen Seite 220).

Affiliate-Marketing

Das Thema Affiliate-Marketing haben wir bereits öfters in diesem Buch angesprochen und in diesem Abschnitt werden wir es dir nun endlich genauer erklären. Im Prinzip geht es beim Affiliate-Marketing darum, dass du mit einem Unternehmen eine Partnerschaft eingehst und anschließend dessen Produkte oder Dienstleistungen weiterempfiehlst. Das funktioniert durch sogenannte Affiliate-Links, die dir im jeweiligen Partnerprogramm des Unternehmen bereitgestellt werden und die du auf deiner Webseite, auf deinem YouTube Channel, in deinem Newsletter, auf Social Media oder sonst wo einbinden kannst. Klickt nun einer deiner Follower auf diesen Link und kauft anschließend eines der Produkte, bekommst du eine kleine Provision. Durch deine Partner-ID, die in jedem Affiliate-Link automatisch eingebunden ist, erkennt das jeweilige Unternehmen, dass der Verkauf über dich zustandekam, und kann ihm deinem Konto zuschreiben. Deine Leser müssen übrigens nicht immer genau das Produkt kaufen, das du verlinkt hast, sondern es kann bei manchen Partnerunternehmen auch ein völlig anderes aus dem Angebot sein. Hauptsache, der Kauf kam über deinen Link zustande.

Kleines Beispiel: Du empfiehlst auf deiner Webseite einen Rucksack von Tatonka über einen Affiliate-Link von Amazon weiter. Ein Leser interessiert sich dafür, klickt drauf, wird auf Amazon weitergeleitet, entscheidet sich aber dann doch für ein anderes Modell und kauft es. Kein Problem, du bekommst nun die Provision für das andere Modell! Jetzt fällt ihm aber plötzlich ein, dass er noch ein neues Smartphone-Ladekabel braucht. Also sucht er auf Amazon weiter, findet ein passendes Kabel, legt es ebenfalls in den Warenkorb und bestellt anschließend. Nun bekommst du nicht nur die Provision für den Rucksack, sondern auch die Provision für das Ladekabel.

Eine gute Anzahl an Links finden: Wir selbst generieren durch Affiliate-Links einen Großteil unseres monatlichen Einkommens. Vor allem die Einnahmen über das Partnerprogramm von Amazon und Booking.com können sich mittlerweile sehen lassen! Allerdings heißt Affiliate-Marketing nicht, dass du völlig blind und ohne Konzept Tausende Links streust, um ja viele Verkäufe zu generieren. Stattdessen solltest du ganz genau überlegen, wo ein Affiliate-Link sinnvoll ist und wo nicht. Zu viele Links können nämlich auf deine Leser abschreckend wirken, während zu wenig Links nicht ausreichend Geld einbringen. Es ist also wichtig, mit der Zeit ein gutes Mittelmaß zu finden.

Einfach autenthisch sein: Gutes Affiliate-Marketing funktioniert unserer Erfahrung nach erst, wenn es authentisch ist. Wir empfehlen deshalb nur Produkte oder Dienstleitungen, die wir selbst ausführlich getestet und für gut befunden haben. Wir schreiben das auch sehr oft dazu, um bei unserer Community Vertrauen zu schaffen. Erwarte dir durch Affiliate-Marketing aber bitte keinen schnellen Reichtum. Dazu braucht es erst mal viele Leser auf deinem Blog oder auch Zuschauer auf deinem YouTube Channel (dort kannst du Affiliate-Links in die Videobeschreibungen packen). Bis es allerdings so weit ist, kann es Monate oder Jahre dauern. Bei uns kamen die Affiliate-Einnahmen erst Anfang 2018 so richtig ins Rollen, seitdem sind sie aber nicht mehr aufzuhalten.

So meldest du dich an: Zu einem Affiliate- bzw. Partnerprogramm kannst du dich auf zwei verschiedene Arten anmelden. Entweder direkt bei Unternehmen, die eigene Partnerpgrogramme haben, wie zum Beispiel Amazon, Booking.com, billiger-mietwagen.de, Ebay und einige Weitere. Oder über ein Affiliate-Netzwerk, das zig Partnerprogramme der unterschiedlichen Unternehmen unter einem Dach vereint. Große Netzwerke mit vielen Affiliate-Programmen sind zum Beispiel Awin, Tradedoubler oder auch Belboon.

Generell ist das Thema Affiliate-Marketing extrem komplex und vielschichtig. Wenn du damit also gutes Geld verdienen willst, musst du dich richtig reinknien und eine passende Strategie dafür auf die Beine stellen. Eine super hilfreiche Webseite ist www.affiliate-marketing-tipps.de. Auch das Buch »Affiliate Marketing« ist einen Blick wert! (Siehe Bücherempfehlungen Seite 220.)

Apps

Der Markt für Apps boomt! Mehr als jemals zuvor! Vielleicht kannst auch du passend zu deinem Projekt eine App oder eine Software programmieren und mit ihr Geld verdienen. Hört sich viel zu krass und unmöglich an? So schlimm ist es gar nicht! Wenn du nämlich keine Ahnung vom Programmieren hast, kannst du die Arbeit auch einfach Profis übergeben. Das Einzige, was von dir kommen muss, ist eine Idee, die sich gut als App verkaufen lässt. Es gibt nämlich genug Leute, die ihre Fähigkeiten als Programmierer für Apps & Software auf Plattformen wie Upwork oder Freelancer.de anbieten. Wie viel so eine App am Ende kostet, ist dann komplett abhängig von deinen Anforderungen und der allgemeinen Komplexität der Software. Ein paar tausend Euro solltest du aber mindestens einplanen. Es ist zwar kein günstiges Vorhaben, wenn aber die Idee und die Umsetzung wirklich gut sind und auch eine kaufkräftige Masse dahintersteht, kannst du damit richtig viel verdienen. Weshalb wir noch kurz ein paar Worte zur Monetarisierung verlieren möchten. Es gibt nämlich verschiedene Wege, mit einer App Geld zu verdienen:

1. durch Werbung, die du in der App schaltest
2. durch einen einmaligen Kaufpreis
3. durch zusätzliche Features, die man für die App kaufen kann
4. durch ein Monats- oder Jahresabo

Vor allem Monats- oder Jahresabos scheinen immer beliebter zu werden und sind eine dauerhafte, regelmäßige Einkommensquelle! Allerdings muss die App schon richtig geil sein, damit sich jemand für ein Abo anmeldet.

Coaching & Beratung

Coaching ist in den letzten Jahren immer beliebter geworden. Wir sehen diese Entwicklung aber mit viel Skepsis

und müssen deshalb jetzt etwas weiter ausholen. Heutzutage wird nämlich gefühlt jeder Zweite Coach und denkt, er kann anderen Menschen dabei helfen, ihr Leben zu verbessern. Allerdings braucht man unserer Meinung nach nicht nur zwei bis drei Jahre Erfahrung in einem bestimmten Bereich, um sich Coach nennen zu können, sondern viel, viel mehr. Beim Coachen geht es nämlich darum, sich wirklich mit einem Menschen auseinanderzusetzen. Egal, ob es um das Privatleben oder das Business eines Klienten geht. Da reicht es nicht, wenn man nur ein bisschen an der Oberfläche kratzt, sondern man muss ganz tief ins Innere vordringen. Ziel eines Coachings ist nämlich, das Bestmögliche in einer Person zum Vorschein zu bringen. Bevor du also selbst Coaching in einem bestimmten Bereich anbietest, stell dir erst mal folgende Frage: »Habe ich eigentlich selbst schon das Beste aus mir herausgeholt?« Wenn die Antwort Nein lautet, dann sammle in den kommenden Jahren lieber noch etwas Erfahrung und arbeite weiter an dir selbst. Außerdem sollte man als Coach immer Erfolge nachweisen können, die mit dem Thema in Verbindung stehen. Wenn du zum Beispiel Unternehmenscoach werden willst, solltest du nachweisen können, dass du selbst schon erfolgreich ein oder mehrere Unternehmen gegründet hast. Wenn du Beziehungscoach werden willst, solltest du

zeigen können, dass du eine langjährige, glückliche Beziehung führst, die du gemeinsam mit deinem Partner/deiner Partnerin durch sämtliche Krisen gelotst hast. Du verstehst sicher, was wir meinen! Außerdem musst du dir zum Coachen extrem viel Fachwissen aneignen. Wie geht man mit Menschen um? Wann ist es Zeit für eine Pause? Wo setzt man an? Welche Fragen stellt man, um die richtigen Impulse auszulösen? Fragen über Fragen, mit denen man sich erst einmal selbst beschäftigen muss. Wenn du aber wirklich tiefer ins Thema einsteigen willst, können wir dir diese zwei Bücher empfehlen: »Coaching: Miteinander Ziele erreichen!« oder auch »Die 100 besten Coaching-Übungen« (siehe Bücherempfehlungen Seite 220). Es ist übrigens nicht wichtig, eine Ausbildung zum Coach zu haben, viel essenzieller ist es, dass du bei deinen Kunden wirklich etwas Positives und Dauerhaftes verändern kannst. Wir selbst könnten uns wegen all dieser Gründe noch nicht vorstellen, jemanden privat zu coachen, aber wer weiß. Vielleicht in ein paar Jahren.

Kooperationen & Partnerschaften

Bei Kooperationen und Partnerschaften geht es im Prinzip darum, mit anderen Unternehmen zusammenzuarbeiten. Meist kommen sie von selbst auf dich zu und fragen dich, ob du ihr Produkt oder ihren Service testen möchtest. Im

Gegenzug erwarten sie natürlich eine Berichterstattung auf deinen Kanälen. Dazu gleich ein wichtiger Hinweis: Mach eine Kooperation nie umsonst! Oft versuchen Unternehmen, dich mit Gratisprodukten oder einer kostenlosen Reise (vor allem bei Reisebloggern) rumzukriegen. Aber kannst du dir davon dein tägliches Essen leisten? Nein. Außerdem bringst du Arbeitszeit und deine Community, die du über lange Zeit aufgebaut hast, ein. Das lässt man sich einfach bezahlen. Punkt.
Anfangs haben uns Kooperationen extrem gereizt, mittlerweile lassen uns die meisten aber eher kalt. Im Gegensatz zu unseren eigenen Produkten und zum Affiliate-Marketing bringen Kooperationen meist keine regelmäßigen Einnahmen, sondern es handelt sich überwiegend um Einmalzahlungen. Das sorgt zwar für schnelles Geld, auf lange Sicht ergibt es aber kein nachhaltiges, geregeltes Einkommen. Wir suchen uns deshalb alle Kooperationen sehr gezielt aus und arbeiten nur mit ganz wenigen Firmen zusammen. Das sind alles Unternehmen, die auf langfristige Partnerschaften mit uns aus sind, hinter deren Produkten wir zu 110 Prozent stehen und die uns bei der Berichterstattung sämtliche Freiheiten lassen. Wenn uns etwas nicht gefällt, dann sagen wir das auch. Egal, wie viel Geld wir für die Kooperation bekommen.

SO VIEL KOSTET DAS EIGENE HERZENSPROJEKT

Yes! Du kennst nun ein paar gute Möglichkeiten, um mit deinem eigenen Projekt Geld zu verdienen! Aber wie sieht es mit möglichen Investitionskosten für dein Online-Business aus? Darüber reden wir jetzt, denn sie könnten unterschiedlicher nicht sein und sind stark davon abhängig, wie du starten möchtest.

Du kannst zum Beispiel sofort volles Risiko gehen, eigene Produkte produzieren, dir eine geile Webseite von Profis bauen lassen, jede Menge Geld in ein schönes Logo pumpen und vieles mehr. Ich glaube, wir brauchen dir aber nicht extra sagen, dass du dafür mit einigen tausend Euro Investitionskosten rechnen solltest, oder? Außerdem kann so ein Vorhaben schnell mal in die Hose gehen! Erst recht, wenn du ganz neu im Online-Geschäft bist. Am Ende interessiert sich vielleicht niemand für dich und dein Projekt. Das ist nicht nur unglaublich deprimierend, sondern du hast auch einiges an Geld verloren. Das wollen wir vermeiden, oder?

Schritt für Schritt ...

Gib deshalb am Angang so wenig Geld wie möglich aus, bau dir zuerst eine Community auf, probiere die unterschiedlichsten Dinge aus und stelle fest, ob deine Idee bzw. dein Herzensprojekt wirklich Anklang findet. Auch wir haben unglaublich viel experimentiert und dadurch erst langsam, aber sicher festgestellt, in welche Richtung es tatsächlich gehen soll. Hinzu kommen jede Menge Fehler, die man zu Beginn macht und die man auch nicht vermeiden kann. Fehler sind sogar gut und wichtig, um immer wieder dazuzulernen und den eigenen Weg zu finden. Allerdings nur, wenn nicht voreilig hart erspartes Geld in das eigene Projekt gesteckt wurde und man plötzlich feststellen muss: »Fuck, das war wohl nichts!«

Wir haben selbst zu Beginn wenig investiert und hatten dadurch kaum Kosten. Um genau zu sein, zahlten wir nur 7 € pro Monat für die Bereitstellung bzw. das Hosting unserer Webseite bei All-inkl.com, 30 € pro Monat für das Abo bei LinkedIn Learning, um weiter an unseren neuen Fähigkeiten zu arbeiten, und 50 € für ein schönes Theme. Das war's. Die Fixkosten waren also mehr als gering!

Um alles andere wie Logo, Design, Webseite etc. haben wir uns komplett selbst gekümmert und dafür kein Geld, sondern »nur« unsere Zeit investiert und dabei jede Menge gelernt. Auch Technik, die wir für Love & Compass dringend benötigten wie Laptop und Kamera, hatten wir bereits. Falls das bei dir nicht der Fall ist, dann rechne für die Technik noch einige hundert Euro on top.

Investitionen erst mal gering halten

Während du die monatlichen Fixkosten ziemlich niedrig hältst, fängst du zeitgleich an, dein erstes Geld mit deinem Projekt zu verdienen. Zum Beispiel durch Affiliate-Marketing und etwas später vielleicht auch mit deinem ersten digitalen Produkt, das du komplett selbst herstellst. Dadurch hast du erneut kaum Investitionen. Unseren Nusa-Penida-Reiseführer haben wir auch komplett alleine und ohne große Kosten umgesetzt. Allerdings erst ein Jahr nach dem Start. Zu diesem Zeitpunkt wussten wir aber bereits, dass Love & Compass zwischen vielen anderen Reiseblogs heraussticht, und eine kleine, treue Community hatten wir auch schon aufgebaut. Außerdem fühlten wir uns innerlich bereit für das erste große Ding und produzierten deshalb den kompletten Reiseführer in Eigenregie. Angefangen vom Buchlayout über den Text bis hin zum Marketing und zum Verkauf. Da wir ihn außerdem nur als E-Book verkaufen, müssen wir keine Herstellungskosten zahlen. Das hat sich extrem ausgezahlt, da wir erst mal testen wollten, ob unsere Community überhaupt Bock auf ein eigenes Produkt von uns hat und ob Reiseführer von Bloggern gefragt sind. Unsere Antwort: Ja, sind sie!

Vom richtigen Zeitpunkt fürs Risiko

Erst als wir im Sommer 2017 unseren Blog komplett überarbeiten ließen, investierten wir das erste Mal richtig Geld. Um genau zu sein, 4000 €! Eine Summe, die für uns eigentlich unvorstellbar war und die uns ein paar schlaflose Nächte kostete. Für 4000 € bekommt man nämlich auch jede Menge andere schöne Dinge. Zu diesem Zeitpunkt wuchs Love & Compass aber bereits in großen Schritten und wir hatten endlich das Gefühl, dass sich all die harte Arbeit langsam, aber sicher bezahlt macht. Also gingen wir zum ersten Mal etwas mehr Risiko ein. Risiko, das sich am Ende mehr als gelohnt hat! Seitdem sind übrigens immer wieder kleinere und größere Investitionen in den Blog geflossen. Zum Beispiel für das Design des Andalusien-Reiseführers. Auch dafür haben wir mit einem Profi zusammengearbeitet. Alles Geld, das wir aber im Nachhinein doppelt und dreifach wieder reinholten.

Also, was wollen wir damit am Ende sagen? Eigentlich »nur« das hier: Um mit deinem Herzensprojekt zu starten und Geld zu verdienen, brauchst du nicht viel zu investieren. Ganz im Gegenteil! Halte dein Geld lieber noch beisammen und schau erst mal, ob deine Idee zündet. Erst wenn du merkst, dass sich langsam, aber sicher etwas vorwärtsbewegt, solltest du dir Gedanken über den nächsten großen Schritt machen und wenn nötig etwas Geld in die Hand nehmen! Allerdings nur für Investitionen, bei denen du dir sicher bist, dass sie sich rückwirkend auszahlen.

DIE RICHTIGE POSITIONIERUNG – DAS A UND O!

Kommen wir zum absoluten Herzstück: die richtige Positionierung. Damit steht und fällt der Erfolg eines jeden Unternehmens. Das ist auch bei einem Online-Business nicht anders. Egal, ob als Freiberufler oder mit deinem eigenen Herzensprojekt. Doch was heißt Positionierung überhaupt genau? Dazu gibt es mittlerweile zig Sichtweisen, weil gefühlt jeder Unternehmer schon mal seinen Senf dazu abgegeben hat.

Für uns selbst bedeutet es die folgenden zwei Dinge:

1. Sich strategisch mit seinem Herzensprojekt so zu positionieren, dass man damit aus der Masse heraussticht.
2. Die Außendarstellung so anzupassen, dass man genau die Menschen anzieht, die man wirklich als Leser, Follower und Kunden will.

Um das Ganze besser zu verstehen, nehmen wir jetzt einfach uns als Beispiel. Love & Compass sollte von Anfang an ein Reiseblog für Paare sein. Mit dem Paar-

Ding wollten wir uns abheben von anderen Reiseblogs und unsere Einzigartigkeit herausstellen.

Was wir erst herausfinden mussten

Anfangs klappte das 0,0! Der Grund: Wir machten uns nie darüber Gedanken, wie wir das Thema wirklich zum Ausdruck bringen konnten. Einfach nur »Reiseblog für Paare« dazuschreiben und ab und zu mal ein süßes Foto von uns beiden posten reicht dann halt doch nicht aus. Erst ein ziemlich hartes und sehr langes Gespräch mit einer befreundeten Unternehmensberaterin brachte uns dazu, über unsere eigene Positionierung intensiv nachzudenken. Danach stellten wir uns dann die folgenden Fragen:

- Wer ist unsere Zielgruppe bzw. wen wollen wir erreichen? Klar, Paare.
- Wie alt sollten diese Paare sein? Etwa in unserem Alter, am besten zwischen Mitte 20 und Mitte 30.
- Mit welchem Budget reisen diese Paare? Meist mit einem mittleren Budget.
- Reisen sie individuell oder buchen sie ihre Reisen über ein Reisebüro? Auf jeden Fall individuell!
- Wie erreichen wir sie am besten? Indem wir ganz klar zeigen, dass es sich um einen Reiseblog für junge Paare handelt. Nicht nur auf dem Blog selbst, sondern auch auf Social Media und in unserem Newsletter. Einfach überall.
- Wie sollen diese Paare uns wahrnehmen? Als junges Liebespaar, das in Deutschland alles aufgegeben hat, um die Welt reist und dessen großes Ziel es ist, Liebe weiterzugeben.
- Wie können wir das zeigen? Über folgende Medien:
    - Instagram & Facebook: Wir posten zu 90 Prozent nur noch Bilder von uns beiden und schreiben manchmal tiefe Beziehungstexte, die wir mit dem Reisen verknüpfen.
    - Blog: Wir schreiben Packlisten für Paare, packen romantische Geheimtipps bei unseren Blogbeiträgen dazu, schreiben allgemeine Beiträge zum Reisen als Paar und mehr. Das alles in einem jungen, modernen und lockeren Schreibstil. Außerdem schreiben wir Leser auf unserem Blog mit »ihr« an und nicht mit »du«. Selbst wenn nur ein Teil eines Paares den Beitrag liest, wollen wir dadurch das Gefühl erzeugen, dass auch der Partner angesprochen wird.

- Pinterest: Auf unsere Pins packen wir ebenfalls öfter den Zusatz »für Paare«. Zum Beispiel: Thailand Kosten – So viel kosten 3,5 Wochen Pärchenurlaub in Thailand.

- Wie binden wir diese Paare dauerhaft an uns? Durch unsere authentische, junge, wilde, liebevolle und persönliche Art. Bei uns ist nichts Fake!

Das waren jetzt nicht immer die komplett vollständigen Antworten, aber die Kernaussagen davon. Auf die Weise konnten wir Schritt für Schritt herausfinden, wer eigentlich unsere Zielgruppe sein soll und wie wir uns positionieren müssen, um genau diese Leute zu erreichen. Seitdem haben wir viele Dinge auf unserem Blog umgestellt, und er ist dadurch regelrecht explodiert. Außerdem ziehen wir fast nur noch die Personen an, die wir wirklich wollen. Sozusagen unsere Lieblingsfollower!

Bessere Außenwirkung: Klar haben wir auch ältere Paare oder sogar Singles in unserer Community. Diese Menschen passen aber trotzdem zu uns, weil sie entweder im Kopf jung geblieben sind oder auch als Single kein Problem damit haben, ein Liebespaar auf Reisen zu begleiten. Wir wollen jetzt übrigens nicht den Eindruck vermitteln, dass wir die größten Positionierungshelden sind. Da geht noch viel, viel mehr! Jemand, der sich mit diesem Thema professionell befasst, wird wohl auch bei uns noch jede Menge Verbesserungsbedarf sehen. Trotzdem haben wir eines festgestellt: Seit die Positionierung weit oben auf unserer Prioritätenliste steht, konnten wir uns nicht nur von der Masse abheben und genau die richtige Zielgruppe erreichen, sondern wurden auch für größere Unternehmen interessanter, die mit uns zusammenarbeiten möchten. Man erkennt nun, dass alles Hand und Fuß hat, und es wirkt nicht mehr wie ein halb zusammengesetztes Puzzle.

Von der Vorbereitung zur Umsetzung

Jetzt ist sicher klar geworden, wie entscheidend es ist, dass du dich als Allererstes mit deiner eigenen Positionierung auseinandersetzt, noch bevor du überhaupt mit einem Blog, YouTube oder etwas anderem loslegst. Mach dir also intensiv Gedanken dazu, und lies dir immer wieder durch, was du dir dazu aufgeschrieben hast. Je öfter du darüber nachdenkst, umso mehr Möglichkeiten werden dir einfallen, deine Positionierung zu finden und sie klar herauszustellen. So wirst du von Anfang an genau die richtigen Leute anziehen und dein Projekt wird viel schneller durch die Decke gehen!

Teil einer guten Positionierung ist außerdem ein roter Faden bzw. ein starker

Wiedererkennungswert, der sich durch dein komplettes Business zieht. Leser und Follower müssen auf all deinen Kanälen sofort erkennen, dass du es bist. Du und niemand anders. Egal, ob in Facebook, dem Blog, YouTube, Instagram oder sonst wo. Das schaffst du, indem du überall ein einheitliches Erscheinungsbild umsetzt.

- Nutze immer das gleich Profilbild
- Nutze immer die gleichen Schriftarten (wenn möglich)
- Bearbeite sämtliche Bilder in einem ähnlichen Stil
- Drehe und schneide Videos in einem ähnlichen Stil
- Schaffe eine einheitliche Bildsprache
- Finde einen mitreißenden Schreibstil für alle Kanäle
- Baue immer wieder die Farben deines Projekts ein (bei uns: blau/gelb)

Durch solche Merkmale werden Leute, egal auf welchem Kanal, erkennen, dass du es bist, und können ohne Bedenken auf den »Folgen«-Button drücken.

Übrigens: Du kannst all die Punkte und Hinweise in diesem Unterkapitel auch für deine Positionierung als Freelancer verwenden! Dort ist sie nämlich genauso wichtig. Du findest dadurch nicht nur deine Wunschkunden, sondern kannst dich auch von der Konkurrenz abheben. Ein super Buch zur Positionierung ist dieses hier: »Positionierung – das erfolgreichste Marketing auf unserem Planeten« (siehe Bücherempfehlungen Seite 220). Es ist zwar schon etwas älter, aber die meisten Grundgedanken sind auch heute noch absolut aktuell!

CONTENT IS KING!

Mit einer starken, authentischen Positionierung hast du schon mal ein gutes Grundgerüst für die Zukunft geschaffen! Allerdings ist das noch lange nicht alles. Ein weiterer, extrem wichtiger Pfeiler zu einem erfolgreichen Herzensprojekt ist nämlich der Inhalt, den du deinen Lesern und Followern bietest. Der Spruch »Content is king!" von Microsoft-Gründer Bill Gates ist deshalb nicht ohne Grund bei Online-Unternehmern so beliebt!

Doch was ist mit Content genau gemeint? Im Endeffekt alle Inhalte, die du veröffentlichst und die von deiner Community gesehen, gekauft, gehört oder gelesen werden. Egal, ob auf dem Blog, bei YouTube, in Social Media, in deinem Newsletter, in einem Online-Kurs oder sonst wo. Und warum sollte der »Content« immer »King« sein? Weil er neben der Positionierung dein größtes Aushängeschild ist! Deine Inhalte entscheiden darüber, ob sich jemand bei dir gut aufgehoben fühlt oder nicht. Ist der Inhalt schlecht,

verschwinden die Leute schneller, als du schauen kannst. Hast du dagegen guten Content, werden sie immer wieder bei dir vorbeischauen, deine Produkte kaufen, über deine Affiliate-Links buchen, dir auf Social Media folgen und am Ende zu echten Fans werden!

Was ist guter Content?

Auch hier gilt: einfach alles, was Menschen dabei hilft, ein Problem zu lösen, oder sie emotional mitreißt. Angenommen, du fliegst nach Sydney und willst dich im Internet über Sehenswürdigkeiten informieren. Du wirst dazu unzählige Beiträge finden und ein paar davon anklicken. Die Frage ist jetzt allerdings: Bei welchem bleibst du am Ende hängen? Bei einem Beitrag, der gerade mal die fünf Hauptsehenswürdigkeiten zeigt, die sowieso jeder kennt? Oder bei einem Beitrag, der neben klassischen Highlights noch echte Geheimtipps in petto hat, tolle Restaurants verrät und sogar die wichtigsten Infos zu den öffentlichen Verkehrsmitteln zusammenfasst? Ich glaube, da sind wir uns schnell einig, oder?
Bei uns nimmt das mittlerweile so krasse Ausmaße an, dass Leser unsere kompletten Routen nachreisen, die gleichen Hotels buchen und in dieselben Restaurants zum Essen gehen. Manchmal bekommen wir dann sogar Bilder von ihnen zugesendet und super liebe, dankbare Kommentare. Das macht uns unglaublich glücklich, weil wir diesen Menschen wirklich geholfen haben! Und gleichzeitig wissen wir, dass sie immer wieder bei Love & Compass vorbeischauen werden. Bam! Ziel erreicht!

Das erreichst du mit gutem Inhalt

Guter Content ist nicht nur wichtig, um Leute langfristig an dich zu binden, sondern auch, um über Google, YouTube, Pinterest und andere Kanäle neue Follower dazuzugewinnen. Die Algorithmen hinter diesen Plattformen werden immer schlauer und erkennen immer besser wirklich nützliche Inhalte. Belohnt wird das mit guten Rankings (Position in den Suchergebnissen), was zu mehr Interessenten führt.
Wichtig ist außerdem, dass du regelmäßig neuen Content veröffentlichst. Erst recht zu Beginn! Dadurch sehen die Menschen, dass sie bei dir wirklich etwas geboten bekommen. Wenn du dagegen nur alle paar Wochen oder Monate was raushaust, erweckt es nicht den Anschein, als ob du es wirklich ernst meinst und es bei dir dauerhaft was Interessantes zu erfahren gibt. Schreibe dir also vor allem diese zwei Dinge auf die Fahne:

1. Eine Positionierung, die besser sitzt als deine eigene Unterhose!
2. Dauerhaft geilen Content, der die Leute begeistert und an dich bindet!

Wenn du es schaffst, diese Punkte umzusetzen, dann bist du deinem Ziel, dich von der Masse abzuheben und am Ende mit deinem Online-Business Geld zu verdienen, schon ein riesiges Stück nähergekommen.

VERKAUFE DICH NIEMALS UNTER WERT

Jetzt wird's richtig spannend! Es geht ums Geld! Egal, ob du es über die Kundenarbeit oder dein eigenes Projekt verdienen willst. Vielleicht hast du ja schon im Laufe des Buches immer mal wieder darüber nachgedacht, wie viel Geld du für bestimmte Tätigkeiten verlangen kannst. Wenn ja, hast du dich bestimmt ziemlich schwergetan, oder?

Denk dir nichts. Das ist ganz normal am Anfang. Auch bei uns hat es ewig gedauert, bis wir unseren eigenen Wert wirklich verstanden haben. Davor haben wir uns aber leider einige Euros durch die Lappen gehen lassen. Deshalb ist das oberste Gebot:

Verkaufe dich niemals unter deinem Wert!

Ob du zu wenig verlangst, kannst du ganz einfach an der Reaktion deiner Kunden, Käufer oder auch Partner feststellen. Achte vor allem auf solche Hinweise:

- Deine Kunden sagen sofort »JA!«, ohne über den Preis zu verhandeln.
- Oder das Gegenteil: Mögliche Kunden sagen regelmäßig ab! Ein viel zu niedriger Preis ruft oft den Gedanken an schlechte Qualität hervor.
- Andere Unternehmer, mit denen du im Austausch bist, weisen dich fairerweise darauf hin, dass du zu wenig verlangst.
- Dein Bauchgefühl sagt dir, dass du zu günstig bist.
- Du arbeitest viel für Kunden oder verkaufst jede Menge eigene Produkte und hast am Ende trotzdem kaum Geld auf dem Konto.

Wie hoch ist der eigene Wert und wie stellt man ihn fest?

Wenn das nur so einfach wäre! Auf die Schnelle kann man seinen eigenen Wert nicht definieren, sondern man muss mit der Zeit ein Gefühl dafür entwickeln. Wichtig ist, dass du am Ende mit erhobenem Haupt dastehen und sagen kannst: »Bei diesem Preis hab ich ein gutes Gefühl mir selbst gegenüber!« Außerdem ist der Wert abhängig von deinem Know-how, deiner Erfahrung, der Dienstleistung oder dem Produkt, das du anbietest.

Generell solltest du dich bei eigenen Produkten NIE für eine Low-Price-Strategie entscheiden. Erst recht nicht, wenn du bereits positives Feedback dazu bekommen hast. Unser Andalusien-Reiseführer ist mit 24,90 € einer der teuersten auf dem deutschen Markt, aber auch einer, der am besten läuft. Die Geiz-ist-geil-Mentalität scheint so langsam vorbei zu sein und immer mehr Menschen verstehen, dass man zum günstigen Preis keine gute Qualität bekommt.

Ein paar Richtwerte

Je größer und umfangreicher dein Produkt ist, umso mehr Geld kannst du verlangen. Online-Kurse, die dem Käufer eine bestimmte Fähigkeit beibringen, sind zum Beispiel eher hochpreisig und kosten oft weit über 100 oder 200 €.
Für die Kundenarbeit kannst du dich außerdem an Richtwerten orientieren, die in der jeweiligen Branche üblich sind. Am besten tauschst du dich dazu mit anderen Dienstleistern aus deinem Netzwerk aus. Vor allem unter digitalen Nomaden ist das Konkurrenzdenken nicht so groß und es wird oft ganz offen über Preise geredet. Viele Programmierer arbeiten zum Beispiel ab 80 € die Stunde, im Social-Media-Marketing sind auch 50 € oder mehr pro Stunde drin. Da die Arbeit als virtueller Assistent ein »einfacherer« Job ist, wird hier im Allgemeinen deutlich weniger gezahlt, aber auch hier solltest du nicht unter 30 € verlangen. Am Ende kommt es aber auch ganz stark auf die unterschiedlichen Aufgaben an, die du übernehmen sollst. Außerdem kannst du mit der Zeit deine Preise immer weiter anheben. Das ist völlig legitim, je mehr Erfahrung du sammelst und je mehr Kundenprojekte du erfolgreich abschließt.

Tipp: Setze dein Anfangsangebot immer etwas über dem eigentlichen Preis an. Wenn jemand wirklich mit dir zusammenarbeiten will, fängt er entweder an zu verhandeln oder sagt dir, was er sich preislich stattdessen vorstellt!

Oft kommt es aber auch vor, dass ein bestimmtes Budget zur Verfügung steht und der Kunde bereits eine gewisse Vorstellung hat, was er für sein Geld bekommen möchte. Das ist allerdings nicht immer ein guter Deal, da Wunschvorstellung und Realität oft kilometerweit auseinanderliegen. Trotzdem haben wir solche Aufträge manchmal angenommen. Allerdings nur, wenn wir den Kunden und das Projekt dahinter richtig, richtig cool fanden!

Was du uns nicht nachmachen solltest

Passend zum Thema packen wir jetzt noch eine kleine Story aus, wie unglaublich krass wir uns anfangs selbst unter Wert verkauft haben. Bei unserem ersten richtigen Kunden riefen wir gerade mal 12 € pro Stunde auf. Läppische 12 €. Viel zu wenig! Aber wie kamen wir überhaupt

auf diesen Preis? Tja, das ist halt unser damaliger Stundenlohn im Angestelltenverhältnis gewesen. Wir dachten, das passt auch hier.
Was wir aber nicht bedacht hatten, war Arbeitszeit, die für den Austausch mit dem Kunden, die Buchhaltung, das Erstellen des Angebots und das Schreiben der Rechnung draufging. Unsere monatlichen Fixkosten vergaßen wir ebenfalls und auch, dass wir plötzlich Jobs hatten, bei denen man das Hirn anschalten und mitdenken muss, kalkulierten wir nicht ein. Klasse, oder?
Aber so ist das eben, wenn man in die Selbstständigkeit startet und keinen Plan hat. Das ist auch ein Grund, warum wir dieses Unterkapitel geschrieben haben. Wir wollen einfach nicht, dass es dir genauso geht. Es ist alles andere als ein schönes Gefühl, wenn man feststellen muss, dass man sich monatelang unter Wert verkauft hat und noch weitere Aufträge anstehen, die man für diesen Niedriglohn abschließen muss. Dadurch geht nicht nur der Spaß verloren, sondern auch die Motivation, seine volle Power reinzustecken.

VOM SCHNELLEN, PASSIVEN EINKOMMEN

In den kommenden Wochen, Monaten und auch Jahren wirst du bei deinen Recherchen rund um digitales Nomadentum wahrscheinlich immer wieder auf ein und denselben Begriff stoßen: passives Einkommen. Vielleicht hast du sogar schon davon gehört. Wenn nicht, dann ist es nun so weit!

Bis jetzt haben wir ihn allerdings in diesem Buch komplett gemieden. Mit gutem Grund! Es stecken einfach zu viele Unwahrheiten und Augenwischereien dahinter. In diesem kleinen Unterkapitel wollen wir deshalb die Karten auf den Tisch legen und dir erklären, was es mit dem passiven Einkommen wirklich auf sich hat. Um es kurz und knackig zu sagen:

Passives Einkommen bedeutet, dass du aus deinem Business automatische Einnahmen generierst und nur wenig bzw. gar keine Zeit dafür investieren musst.

Zumindest wird es so immer wieder vermarktet. Vor allem unseriöse Online-Finanz-Plattformen versprechen hier gerne mal das Blaue vom Himmel. »Erreiche mit dem Einsatz von 500 € ein monatliches passives Einkommen von 2000 €! So einfach geht's! Melde dich jetzt an und lege sofort los!« Wenn wir solche reißerischen Überschriften lesen, fährt es uns mittlerweile kalt den Rücken runter. Das schreit ja schon nach Betrug, aber leider gibt es immer noch genügend Menschen, die auf so etwas hereinfallen.
Trotzdem gilt passives Einkommen seit Jahren als die Online-Wunderwaffe für

finanzielle Freiheit. Hört sich ja auch übertrieben geil an, oder? Am Strand sitzen, 'ne Kokosnuss schlürfen und das Konto dabei beobachten, wie es sich von ganz alleine füllt. Was ein Leben!
Achtung, wir lassen jetzt die Blase platzen. PENG! So einfach, wie es manchmal angepriesen wird, ist es nämlich nicht. Es gibt zwar passives Einkommen, allerdings kostet es dich nicht wenig, sondern sogar jede Menge Zeit, bis das Geld automatisch fließt.

Die typischen Einnahmequellen

Passives Einkommen kannst du zum Beispiel durch Affiliate-Links generieren. Beispiel: Du bist Teil des Partnerprogramms von booking.com und baust deshalb ein paar Affiliate-Links für schöne Hotels in einem Beitrag über Bangkok ein. Wenn jetzt jemand den Link klickt und das Hotel bucht, bekommst du ja eine kleine Provision. Das nennt man passives Einkommen. Du baust einmal den Link ein und profitierst langfristig davon. Klingt super einfach, allerdings ist die Arbeit ja nicht damit getan, dass du nur den Link einbaust. Was du ebenfalls in die Rechnung miteinfließen lassen musst, ist deine Reise nach Bangkok, das Schreiben des Beitrags, die SEO-Optimierung und vieles mehr. Das Hotel muss also ziemlich oft gebucht werden, um all die Kosten und die Arbeitszeit, die du reingesteckt hast, wieder reinzuholen. Außerdem solltest du von Zeit zu Zeit deine Links überprüfen – sind die Hotels auch nach einem Jahr noch so toll? Hat vielleicht mal der Name gewechselt? Gibt es mittlerweile ein viel cooleres Hotel, das du bei deiner nächsten Reise testen und anschließend deinen Followern empfehlen willst? Du musst also auch in solche »Updates« investieren, zumindest, wenn du wie wir nur sinnvolles Wissen weitergeben und voll hinter deinen Empfehlungen stehen willst.
Ähnlich ist es bei eigenen Produkten. Auch sie kann man als passives Einkommen bezeichnen. Angenommen, du erstellst irgendwann einen Online-Kurs über vegane Ernährung. Bis dieser Kurs mit allem Drum und Dran fertig ist und zum Verkauf angeboten werden kann, dauert es mehrere Monate voller harter Arbeit. Monate, in denen du noch keinen einzigen Cent mit diesem Kurs verdienst. Bevor also überhaupt etwas Cashflow zustande kommt, musst du erst mal jede Menge investieren. Zeit, Know-how und manchmal auch etwas Geld. Außerdem ist die Arbeit noch lange nicht getan, wenn der Kurs veröffentlicht ist. Wir sagen mal nur drei Wörter: Werbung, Kundenservice & Reklamationen. Ja, auch darum muss man sich im Anschluss kümmern. Das kostet zwar alles nicht mehr so viel Zeit wie zuvor, komplett auf die faule Haut legen ist trotzdem nicht drin.

Große Versprechungen, wenig dahinter

Sogar bei den Einnahmen durch Aktien oder Zinsen, die im klassischen Sinn als passives Einkommen bezeichnet werden, gelten dieselben Vorsaussetzungen. Wenn du nicht gerade fett geerbt hast, musst du das Geld, das du investieren willst, ja auch erst mal verdienen. Wodurch? Durch Zeit, die du in dein Business steckst. Damit du dir monatlich ein gutes Sümmchen abzweigen kannst, reichen nicht nur ein paar hundert Euro an Investment. Du kannst dir also vorstellen, wie lang du dafür arbeiten musst.

Lass dich also bitte nicht von Slogans blenden à la »In wenigen Tagen zum fünfstelligen passiven Einkommen!«. Davon gibt es mittlerweile viel zu viele im Internet und alle Webseiten, die Sprüche dieser Art klopfen, sind absolute Abzocken. Das versprechen wir dir!

Das heißt jetzt aber nicht, dass wir passives Einkommen verteufeln. Wir lieben es sogar. Sobald du mehrere eigene Produkte und zig beliebte Blogbeiträge oder YouTube-Videos mit sinnvollen Affiliate-Links veröffentlicht hast, kommt dadurch jeden Monat schon ein stolzes Sümmchen zusammen. Geld, für das du aber bereits Tage, Wochen und Monate Arbeit investiert hast. Sieh diese Einnahmen also eher als eine Art verspätete Zahlung, mit der du erst Gewinn machst, sobald du die hineingesteckte Arbeitszeit in Form von Barem wieder herausgeholt hast.

WIE MAN ALS PAAR ZUSAMMENARBEITEN LERNT (SPEZIELL FÜR PAARE)

Kommen wir zu unserem Spezialgebiet! Das Arbeiten als Paar! Solltest du Single sein, ist dieses Kapitel jetzt kein Pflichtprogramm für dich. Aber wer weiß, so was kann sich ja schnell ändern und am Ende bist du froh, es doch gelesen zu haben!

Uns selbst beschäftigt das Thema natürlich täglich und zu Beginn unseres neuen Lebens hat es uns auch einige Nerven gekostet. Um ehrlich zu sein, kamen wir anfangs als Businesspartner überhaupt nicht miteinander klar. Plötzlich stritten wir so viel wie noch nie zuvor in unserer Beziehung und waren immer öfter schlecht auf den anderen zu sprechen. Wenn man da nicht aufpasst, kann man sich schnell auseinanderleben.

Von unterschiedlichen Arbeitseinstellungen

Was war der Grund für unsere Auseinandersetzungen? Na ja, eigentlich gab es mehrere Gründe. Doch unser größtes Problem war eine komplett unterschiedliche Arbeitseinstellung. Sara geht alles lieber ruhig, gemächlich und gezielt an. Für sie ist es wichtig, auch mal ein oder zwei Tage Pause einzulegen, um danach geistig wieder topfit zu sein. Ich bin das genaue Gegenteil und vielleicht auch der Inbegriff von »Arbeitstier«. Am liebsten würde ich mehrere Wochen durcharbeiten, bis tief in die Nacht vor dem Laptop sitzen und mir keine Pausen gönnen.

Das hat anfangs für ein paar üble Wortgefechte gesorgt! Irgendwann ging es so weit, dass wir uns während der Arbeit mehr auf den Sack gingen, als uns gegenseitig zu unterstützen. Die Folge: Wir zickten uns noch mehr an. Ein Teufelskreis.

Es musste also eine große Aussprache her, bei der jeder seine Sichtweise auf den Tisch packte. Saras Meinung: »Wir arbeiten zu viel und gönnen uns keine Erholung!« Meine Meinung: »Wir arbeiten zu wenig und müssen vor allem jetzt am Anfang richtig Gas geben!« Zwei völlig unterschiedliche Ansichten, die eigentlich nicht zusammenpassen! Zumindest dachten wir das immer.

Heute sehen wir das komplett anders. Unsere Unterschiedlichkeit ist sogar das Beste, was uns passieren konnte, denn so ergänzen wir uns perfekt! Das stellten wir durch unser Gespräch fest und führten mal wieder eine neue Regel ein:

In Zukunft sehen wir den Nachteil des anderen als großen Vorteil!

Das läuft dann ungefähr so ab: In Momenten, in denen ich kein Ende kenne und am Laptop klebe, kann mich Sara mittlerweile auf den Boden der Tatsachen holen. In Phasen, in denen wir dagegen richtig Gas geben und auch mal zwei Wochen am Stück durchpowern müssen, bin ich derjenige, der Sara pushen kann. So haben wir einen guten Mittelweg gefunden, der uns beide zufriedenstellt! Es dauerte zwar eine Zeit lang, bis wir das richtig in unseren Arbeitsalltag integriert hatten, mittlerweile klappt es aber super gut! Außerdem hat es uns auch dabei geholfen, unser Verhalten dem jeweils anderen gegenüber stark zu hinterfragen. Manchmal sind wir nämlich echt böse miteinander umgegangen! Und das nur, weil wir uns beide in unseren Sichtweisen total einschränkten. Dabei mussten wir die Thematik nur einmal um 180° drehen und sahen sofort alles mit anderen Augen.

Von unterschiedlichem Technikverständnis

Ein weiteres Problem war außerdem immer wieder die gute alte Technik. Wir hatten bzw. haben auch heute noch nicht das gleiche Verständnis dafür. Sara braucht oft ein bisschen länger, um technische Dinge zu verstehen, muss sich extrem vieles aufschreiben und manche Sachen drei- bis viermal ausprobieren, bis es Klick macht. Bei mir ist das total anders. Wenn es um Technik geht, kapiere ich gefühlt alles sofort. Saras scheinbare Begriffsstutzigkeit zu akzeptieren war für mich am Anfang mehr als schwierig. Ich konnte es einfach nicht nachvollziehen, dass ihr technisches Verständnis nicht so ausgeprägt ist, und war bei jeder doppelt gestellten Frage ziemlich schnell genervt. Mein Fehler: Ich erkannte einfach nicht, dass mein Kopf seit zig Jahren bereits darauf trainiert war, technische Zusammenhänge schnell aufzunehmen und zu verstehen. Ich hatte schließlich jahrelang als Elektroniker gearbeitet und mich schon als Kind viel mit Computern, Smartphones etc. beschäftigt. Bei Sara hatte Technik dagegen nie eine Rolle im Leben gespielt und umso schwerer war es für sie, all das plötzlich zu verstehen und damit arbeiten zu müssen.

Aber auch dieses Problem haben wir gemeinsam aus der Welt geschafft. Sara nahm mich nämliches eines Tages zur Seite und erklärte mir ganz ruhig und nachvollziehbar ihre Situation. Und sie machte mir deutlich, dass ich ihr nicht helfe, indem ich sie noch unnötig unter Druck setze. Das hat mir zum ersten Mal die Augen geöffnet und ich erkannte, dass ich einfach viel mehr Verständnis für sie zeigen muss. Genauso wie Sara auch für mich Verständnis bei anderen Themen zeigt.

Stärken und Schwächen nutzen

Einen weiteren Tipp haben wir noch auf Lager! Die Stärken und Schwächen des anderen zu erkennen und die Arbeit danach aufzuteilen. Bei uns klappte das ungefähr gar nicht! Das erste Dreivierteljahr versuchten wir beide auf Biegen und Brechen, die gleichen Aufgaben zu übernehmen. Mal schrieb Sara einen Text, mal ich. Mal bearbeitete Sara die Fotos, mal ich. Im Prinzip übernahmen wir beide jede Aufgabe zu jeweils 50 Prozent. Unser Gedanke dahinter: »Das ist doch perfekt! So kann sich jeder in die einzelnen Gebiete einarbeiten und wir ergänzen uns dadurch hervorragend!«
Totaler Quatsch! Das kostete uns am Ende nur extrem viel Zeit und brachte nichts als Ärger! Wenn man eine Aufgabe übernimmt, die nicht zu den eigenen Stärken zählt, kommt nämlich im besten Fall Mittelmaß, meistens aber nur Mist dabei raus. Die Folge: Wir mussten immer wieder die Ergebnisse des anderen überarbeiten. Irgendwann zogen wir allerdings die Reißleine und sagten: »STOPP! Es macht einfach keinen Sinn, wenn jeder von uns Arbeiten erledigt, die ihm nicht liegen.« Also entschieden wir uns dazu, die anfallenden Aufgaben richtig untereinander aufzuteilen. Sara kümmert sich seither zum Beispiel um die Bildbearbeitung, um Pinterest und Instagram. Ich übernehme dagegen die Fotografie, Facebook und den Newsletter. Durch diese Vorgehensweise sind wir hundertmal effektiver geworden und es macht einfach viel mehr Spaß, zusammenzuarbeiten!

Übrigens: Es ist nicht schlimm, wenn ihr euch anfangs ausprobiert! Das müsst ihr sogar, um festzustellen, welche Arbeitsschritte am besten zu wem passen. Ihr solltet es allerdings ganz gezielt machen, um die Aufgaben so schnell wie möglich aufteilen zu können. Und nicht wie wir, erst mal monatelang an einer völlig sinnlosen Idee festhalten.

Ja, das waren sie auch schon. Unsere drei größten Arbeitshürden, die uns zu Beginn viel Kraft und Energie kosteten. Von den Schwierigkeiten, die dazu führten, dass wir wirklich ungern miteinander gearbeitet haben, ist mittlerweile aber nichts mehr übrig. Stattdessen macht es einfach unendlich Bock, gemeinsam an Ideen zu tüfteln und Pläne in die Tat umzusetzen!

Lass uns deshalb unsere größten Learnings noch mal kurz und knackig für euch zusammenfassen:

- Überlegt euch, wie sich unterschiedliche Arbeitseinstellungen ergänzen lassen.
- Bringt Verständnis füreinander auf, wenn einer von euch bei einem Thema etwas länger braucht.
- Probiert euch aus und stellt fest, wo die Stärken des jeweils anderen liegen.
- Teilt danach die verschiedenen Arbeitsaufgaben sinnvoll untereinander auf.

SEI WIE EIN KLEINES KIND: LERNE, HINZUFALLEN, ZU WEINEN UND IMMER WIEDER AUFZUSTEHEN

Geil! Du hast es geschafft! Du bist im letzten Abschnitt von Kapitel 5 angekommen. Wenn du bis hierhin gelesen hast, dann scheinst du es wirklich ernst zu meinen. Vor allem die letzten Seiten waren vollgepackt mit jeder Menge Input. Viele andere hätten bei all den Aufgaben, die nun anstehen, das Buch schon längst wieder ins Regal gestellt. Du aber nicht. Und weißt du was? Sei stolz darauf! Feier dich einfach mal selbst.

Auch wenn du noch kein Geld verdienst, bist du deinem neuen Leben schon ein gutes Stück nähergekommen. Du kennst nun zig Möglichkeiten, dir dein eigenes Online-Business aufzubauen, weißt, worauf du achten musst, und auch, wie du starten kannst. Jetzt liegt es nur noch an dir, in die Umsetzung zu kommen und Durchhaltevermögen zu zeigen.
Und genau darüber möchten wir zum Ende des Kapitels noch ein paar ehrliche Worte verlieren: Stell dich auf harte Momente ein! Momente, die dir alles abverlangen. Momente, die dich an allem zweifeln lassen! Momente, die dich an den Rand des Aufgebens bringen.

Wichtig: sich möglichst rasch wieder aufrappeln

Hört sich hart an. Das ist es auch. Aber weißt du was? Diese Momente muss es geben, weil sie am Ende die Spreu vom Weizen trennen (eigentlich mögen wir diesen Spruch nicht, aber er passt hier einfach zu gut). Unzählige Menschen haben diese neue Lebensart bereits ausprobiert, lagen nach dem ersten Sturz aber weinend am Boden und kamen nicht wieder hoch, um von vorn zu beginnen. Das ist unglaublich schade, traurig und etwas, das wir niemandem wünschen. Aber dann sollte es auch einfach nicht sein.
Wenn du dagegen lernst, als Mensch und Unternehmer hinzufallen und immer wieder aufzustehen, dann bist du für Großes bestimmt! Und genau solche Menschen braucht unsere Welt heutzutage dringender als jemals zuvor.

Es ist übrigens völlig okay, wenn du dich nach harten Stürzen auch mal richtig ausheulst. Es ist okay, wenn du schreist, fluchst und am liebsten zurück nach Deutschland fliegen würdest. Lass alles raus, was raus muss. Das kann auch problemlos mehrere Tage lang so gehen. Wichtig ist am Ende nur, dass du für dich einen Entschluss fasst und sagst: »Jetzt reicht's! Genug im Selbstmitleid gebadet! Ich finde einen Weg, um aus dem Sumpf wieder rauszukommen! Komme, was wolle!«

Eine kleine Geschichte vom (Beinahe-)Scheitern

Passend dazu wollen wir dir von unseren schlimmsten Tagen bzw. Wochen erzählen, die uns wirklich an den Rand des Aufgebens brachten:

Nach unserem ersten halben Jahr als digitale Nomaden entschieden wir uns, für eineinhalb Monate zurück nach Deutschland zu kommen. Zuerst Besuch bei der Familie in Augsburg, dann drei Wochen bei Freunden in Berlin.

Am 24. August 2016 wachten wir nichtsahnend im Stadtteil Penzlauer Berg auf, frühstückten gemütlich und checkten anschließend unser Postfach. Und da war sie, die Mail von unserem Webseiten-Provider. Der Betreff: Virenfund in Account loveandcompass.de

Zuerst dachten wir uns: Schlechter Witz! Nachdem wir aber merkten, dass die Seite wirklich offline war, wurde ich kreidebleich und Saras Hautfarbe wechselte innerhalb von Sekunden ebenfalls von braun zu grau!

Doch was hört man immer, wie man in solchen Situationen vorgehen soll? Richtig, ruhig bleiben, tief durchatmen und versuchen, mithilfe von Logik eine Lösung zu finden. Das klappte sogar ganz gut. Eine Stunde später kontaktierten wir nämlich Francis, einen befreundeten Blogger bei my-road.de, der sich mit Viren und Sicherheitslecks bei Wordpress etwas auskennt. Wir selbst hatten damals noch gar keinen Schimmer davon und waren heillos überfordert. Die gute Nachricht: Er konnte nach unzähligen Stunden den Virus irgendwie entfernen. Wir hatten zwar ein Back-Up unserer Seite, allerdings waren auch diese Dateien bereits infiziert, da der Virus schon Monate vorher von einem Hacker aufgespielt worden war. Schönen Dank auch! Aber gut, es war ja noch mal alles glatt gegangen. Dachten wir zumindest. Was wir noch nicht wussten: Der Virus sollte erst der Anfang einer ellenlangen Serie an Problemen sein.

Eine Katastrophe nach der anderen: Machen wir es deshalb kurz. Zwei Tage später ging unsere GoPro kaputt. Einen Tag später gab Saras Laptop den Geist auf und weitere drei Tage danach hat sich auch mein Laptop verabschiedet. Natürlich war die Garantie bei allen Geräten außer der GoPro gerade abgelaufen. Nicht zu glauben, oder? Wir dachten echt, wir sind bei der Versteckten Kamera gelandet, und zum ersten Mal waren wir an dem Punkt, wo wir sagten: »Soll das ein Zeichen sein? Sollen wir vielleicht aufhören?« Außerdem mussten wir auf die Schnelle mehrere tausend Euro für neue Technik lockermachen. Zu einem Zeitpunkt, an dem wir gerade erst anfingen, über Kundenarbeit etwas mehr zu verdienen.

Aber wir hörten nicht auf. Stattdessen flogen wir kurze Zeit später mit neuer Technik ausgerüstet nach Indonesien und versuchten dadurch, alles zu vergessen. Das klappte eigentlich ganz gut. Bis zu dem Tag, als wir in unserem Bungalow auf der Insel Gili Air saßen, etwas arbeiteten und plötzlich erneut eine Mail unseres Providers im Postfach landete. Dreimal darfst du raten, was Sache war. Richtig, wieder ein Virusbefall. Diesmal allerdings mit der Bitte, Love & Compass zu löschen und komplett neu aufzusetzen. Anscheinend war es wieder der gleiche Virus, der sich weiterhin tief im System versteckte.

Der totale Zusammenbruch: In diesem Moment brach eine Welt für uns zusammen! Wir dachten uns nur eins: »Wer macht verdammt noch mal so eine Scheiße und greift einen kleinen Reiseblog wie unseren an?« Wir hatten zu diesem Zeitpunkt bereits so viel Herzblut, Arbeit und unzählige Monate in Love & Compass gesteckt, und jetzt sollte der einzige Ausweg sein, alles zu löschen? Ein unerträgliches Gefühl, das wir einfach nicht in Worte fassen können. Mehrere Stunden lagen wir einfach nur auf dem Bett und weinten. Ohne Pause. Ohne ein Wort miteinander zu reden. Wir weinten einfach nur. Es tat so unfassbar weh, als hätte man uns ein Stück Herz herausgerissen. Außerdem war es einfach nur schrecklich, sich gegenseitig so leiden zu sehen, und wir wussten auch nicht, wie wir mit der Situation umgehen sollen. Wir weinten also einfach weiter. So lange, bis es keine Tränen mehr gab, uns einfach nur noch schlecht war und der Hals vom Schluchzen schon schmerzte. Zwei Tage lang waren wir wirklich kurz davor aufzugeben und in einem richtigen Delirium gefangen. Wir fühlten einfach nur Leere.

Die Krise bekämpfen: Als wir aber am dritten Tag aufwachten, hatten wir beide genug. Wir wollten nicht länger jammern und merkten, dass wir nun genau an diesem Punkt sind, an dem so viele andere aufgegeben haben. Aber das war nicht drin! Auf keinen Fall alles hinwerfen! Also trafen wir eine Entscheidung und die lautete:

Kämpfen!
Raus aus diesem Loch!
Zurück an die Oberfläche!
Wieder atmen!

Diesmal schalteten wir sofort eine größere Firma für Webseitensicherheit ein, und viele schlaflose Nächte später war Love & Compass wieder online. Ohne Löschung. Ohne alles auf Null zu setzen. Wir selbst waren hinterher psychisch immer noch ziemlich fertig und nahmen uns deshalb eine Woche komplett raus.

Das ist übrigens ein Punkt, der bei der Bekämpfung solcher Krisen ziemlich wichtig ist: Versuch bitte nicht, auf Biegen und Brechen einfach weiterzumachen, als wäre nichts geschehen. Nimm dir stattdessen genügend Zeit, das Erlebte zu verarbeiten und damit abzuschließen. Wenn nicht, kommt es irgendwann wieder hoch und reißt dich in ein noch größeres Tief. Zumindest war es bei uns so. Wir dachten, alles wird wieder gut, wenn wir nach Indonesien fliegen, und versuchten dadurch, die Pechsträhne zu verdrängen. Am Ende ist aber das Gegenteil passiert. Durch den erneuten Virusfund platzten alle Wunden gleichzeitig wieder auf und wir wurden vollkommen überrollt. Der Spruch »Die Zeit heilt alle Wunden« ist also totaler Bullshit!

Das Ganze seelisch verarbeiten: Dazu haben wir dann in den folgenden Tagen Zettel und Stift zur Hand genommen und die Situation genau analysiert. Warum ist es so weit gekommen? Wie können wir uns in Zukunft davor schützen? Warum haben wir alles so persönlich genommen? Wie können wir Panikattacken künftig verhindern? Wie können wir uns in solchen Situationen gegenseitig unterstützen und nicht runterziehen? Alles wichtige Fragen, denen wir uns gestellt haben.
Außerdem haben wir danach mal das gesamte Jahr 2016 Revue passieren lassen und alles Positive aufgeschrieben, was wir erlebt und geschafft haben. Dadurch stellten wir ziemlich schnell fest: »Hoppla, die Liste an positiven Dingen ist ja viel länger! Es ist einfach unnötig, sich durch einen harten Sturz alles andere versauen zu lassen!«

Dass es uns gelungen ist, mit den heftigen Schwierigkeiten umzugehen, haben wir übrigens auch unserer Freundin Marion zu verdanken. Sie ist langjährige Unternehmensberaterin und kennt sich dadurch auch auf psychologischer Ebene sehr gut aus. Sie hat uns in der Krise den Tipp mit den Fragen und der Liste gegeben und die Situation auch im Nachhinein noch mit uns analysiert. Deshalb sind wir jetzt ganz anders gerüstet, falls wieder etwas schiefgehen sollte.

Daher auch zum Schluss ein essenzieller Tipp: Hol dir in Krisensituationen professionelle Hilfe! Die meisten Menschen denken immer, sie können und müssen alles alleine schaffen. Aber das ist totaler Quatsch. Vor allem in schwierigen Momenten sind wir oft so durch den Wind, dass wir nicht klar denken können. Und genau dann ist eine helfende Hand mehr wert als alles andere auf dieser Welt!

6. Kapitel

Ortsunabhängig leben, arbeiten und reisen

Da sind wir schon! Angekommen im letzten, großen Abschnitt des Buches. Kapitel Nr. 6, um genau zu sein. Hört sich sexy an, oder? Ist es auch! Wenn du das Buch bis hierhin gelesen und auch mit ihm gearbeitet hast, können wir dir nur eines sagen: Verdammt geil! Du hast anscheinend wirklich Bock, etwas zu ändern und dein Leben selbst in die Hand zu nehmen!

Genau solche Leute wie dich braucht unsere Welt! Wie du online durchstarten und dein Geld verdienen kannst, weißt du ja nun. Doch damit ist es noch lange nicht getan! Online durchstarten ist das eine, ortsunabhängig leben und reisen das andere. Diese drei Dinge erfolgreich in Einklang zu bringen ist nicht immer einfach. Manchmal sogar eine richtige Herausforderung!

Und genau darum wird es auf den letzten Seiten dieses Buches gehen. Wir wollen dir zeigen, wie du Arbeiten, Reisen und Leben an den schönsten Orten der Welt miteinander verknüpfen kannst und was du dazu benötigst. Es wird um Themen wie produktives Arbeiten und die richtige Organisation deiner Arbeitszeit gehen, aber auch darum, welche Tools und Programme dafür wichtig sind. Außerdem verraten wir dir, wie du Herzensorte rund um den Globus findest, warum du dir regelmäßige Pausen gönnen solltest und wieso das richtige Technikequipment so wichtig ist. Denn ohne das geht gar nichts!

So, jetzt aber genug des Vorgeplänkels! Lass uns gemeinsam das letzte Kapitel des Buches in Angriff nehmen. Das letzte Kapitel, bevor du hoffentlich in ein völlig neues, freies und selbstbestimmtes Leben startest!

WIE VERBINDEST DU DAS REISEN MIT DEM ARBEITEN?

Um möglichen Missverständnissen vorzubeugen – in diesem Abschnitt geht es nicht darum, wie du an einem schönen Ort deiner Wahl länger leben und arbeiten kannst, sondern darum, wie du das Herumreisen und Arbeiten sinnvoll verbindest. Das sind zwei Paar Stiefel, aber auch auf den ersten Punkt gehen wir im nächsten Kapitel »Herzensorte finden« noch etwas näher ein.

Doch wie verbindet man nun am sinnvollsten Reisen von Ort zu Ort mit dem Arbeiten? Das ist oft gar nicht so einfach. Vor allem am Anfang, wenn alles noch neu für dich ist. Dann läufst du sehr leicht Gefahr, etwas zu viel zu reisen und etwas zu wenig zu arbeiten. Erst recht, wenn du voller Abenteuerlust steckst!

Und plötzlich wirst du reisemüde ...

Kein Land scheint zu weit, keine Kultur zu fremd zu sein. Du willst alles sehen, entdecken und kennenlernen. Am besten schon gestern. Doch irgendwann wird dein Inneres sagen: »Komm, schalt mal einen Gang runter! Du brauchst etwas Ruhe!« Schließlich ist »echtes« Reisen kein Urlaub. Es bedeutet, tief in die Kultur eines Landes einzutauchen. Dinge zu erleben, die auch anstrengend, fordernd und sehr intensiv sein können.

Wenn dein Inneres mit dir spricht, höre auf diese Stimme. Nicht nur unser Gehirn, auch unsere Seele muss all die Reiseerlebnisse erst mal verarbeiten. Je nach Ereignis kann das auch bis zu mehreren Wochen dauern! Wenn du dich aber ununterbrochen mit neuen Erfahrungen belädst, sagt dir irgendwann dein Bauchgefühl: »Stopp. Genau bis hierhin und keinen Schritt weiter.« Es kommt nicht nach und schiebt einen Riegel vor.

Die Folge: Du wirst plötzlich reisemüde! Auf einmal hast du keine Lust mehr, noch eine Sehenswürdigkeit anzuschauen, noch einen Ausflug zu machen oder noch eine religiöse Zeremonie zu erleben. Dein Speicher ist nicht nur voll, sondern völlig überhitzt.

Und genau dann steigt plötzlich das schlechte Gewissen in dir hoch und du denkst: »Scheiße, ich muss endlich wieder mehr arbeiten und Kohle verdienen!« So rutschst du von einem Extrem ins andere, denn ab jetzt zählt nur noch der Laptop. Plötzlich hat der Arbeitstag 14 Stunden und du bist noch viel mehr überlastet. Auf die Weise kann das eigentliche Traumleben eines digitalen Nomaden ziemlich schnell zur Qual werden.

Wir können da ein Lied von singen und ganz viele andere digitale Nomaden auch. Das erste halbe Jahr haben wir für unseren Blog nur das Nötigste getan und auch die Kundenarbeit vernachlässigt. Stattdessen sind wir herumgereist, haben an Stränden gechillt und auch

gern mal ein paar Cocktails geschlürft. Unser großartiger Verdienst pro Monat: 500 bis 1000 €. Zu zweit! Als unsere Ersparnisse immer weiter schmolzen, fingen wir an, wie die Verrückten drauflos zu arbeiten. Ohne Ziel. Ohne Verstand. Oft bis tief in die Nacht hinein. Wochenende? Kannten wir nicht.
Sicher wundert es dich nicht, dass wir uns innerlich immer unwohler und irgendwann sogar richtig leer fühlten. Wir hatten keinen Bock mehr auf Arbeiten. Wir hatten keinen Bock mehr auf Reisen. Wir hatten auf gar nichts mehr Bock.

Und das sollte das Traumleben sein, von dem alle immer so schwärmen?

Na, schöne Scheiße! Wir waren an einem Punkt, an dem wir nicht mehr weiterwussten, und flogen deshalb zum ersten Mal zurück nach Deutschland. Vielleicht vermissten wir unsere Heimat ja doch und dies war gar nicht das Wunschleben, von dem wir so lange geträumt hatten? Kaum zurück, stellten wir aber bereits nach wenigen Tagen fest: »O Mann, hier fühlen wir uns ja noch mieser!« Was war nur los mit uns?
Das Gute an dieser beschissenen Situation, der ganzen Zerrissenheit und den Zweifeln war: Wir fingen endlich an, die letzten Monate komplett zu reflektieren.

- Wie sind wir überhaupt gereist?
- Was haben wir alles erlebt?
- Wie viel haben wir währenddessen gearbeitet?
- Warum fühlen wir uns eigentlich so scheiße?
- Wie können wir es in Zukunft besser machen?

Dabei erkannten wir, dass es nie der jeweilige Ort gewesen ist, der uns ein schlechtes Gefühl gegeben hat. Sondern vielmehr die allgemeine Art, wie wir das Reisen und Arbeiten kombiniert hatten.
Glaub uns, es hat viele unendlich lange Gespräche und Diskussionen gegeben, bis wir es endlich geschnallt hatten. Die ganze Schleife würden wir dir gern ersparen. Besonders, wenn du allein unterwegs bist und keine »soziale Kontrolle« durch einen Freund oder eine Freundin hast, ist es wichtig, dass du dir vorher Gedanken machst, wie du es schaffst, Reisen und Arbeiten in ein ausgeglichenes Verhältnis zu bringen. Unsere Tipps helfen dir dabei, den goldenen Mittelweg zu finden, der dir genug Zeit für dein Business, aber auch fürs Reisen und Verarbeiten lässt.

Bleib immer etwas länger an einem Ort

Wenn wir richtig reisen und in einem Land viele verschiedene Orte sehen wollen, bleiben wir mittlerweile an jeder Station nicht nur zwei bis drei Tage, sondern fast immer eine Woche. Dadurch haben wir genug Zeit, um die Gegend zu entdecken, aber auch, um ein paar

Tage zu arbeiten. Wenn du dich richtig konzentrierst, kannst du in drei bis vier Tagen fast genauso viel schaffen wie sonst in einer ganzen Woche. Auf jeden Fall reicht die Zeit völlig aus, um die wichtigsten Dinge zu erledigen.

Wähle ein Land mit guter Internetverbindung

Einer der wichtigsten Punkte, wenn du gleichzeitig reisen und arbeiten willst: die Internetverbindung im jeweiligen Land. Ein passender Arbeitsplatz bringt nichts, wenn die Internetverbindung flächendeckend instabil ist. Das ist zwar im 21. Jahrhundert immer seltener geworden, da selbst ärmere Länder mittlerweile halbwegs stabiles Internet haben, ganz ausschließen kannst du es allerdings nie.
Wir hatten zum Beispiel in Südafrika außerhalb der großen Städte wie Johannesburg und Kapstadt riesige Probleme. In Vietnam wurden wir dagegen fast überall mit schnellem Internet überrascht.
Generell lässt sich sagen: Im asiatischen Raum gibt es oft schnelles, stabiles Internet, auf dem afrikanischen Kontinent eher weniger.

Achte bei der Unterkunftssuche auf ein gutes Arbeitsumfeld

Bei der Auswahl deiner Unterkünfte solltest du dich immer nach möglichen Arbeitsplätzen erkundigen. Das kann ein kleiner Schreibtisch im Zimmer, ein Tisch im Aufenthaltsbereich oder ein Plätzchen im hoteleigenen Restaurant sein.
Wenn möglich, solltest du außerdem vorher die Internetverbindung erfragen. Ist sie stabil? Wie hoch ist die Geschwindigkeit? Ist die Nutzung kostenlos und unbeschränkt?
Wenn diese Punkte zutreffen, hast du den perfekten Arbeitsplatz in deiner Unterkunft und musst nicht erst nach einem Café suchen, wo du dich mit deinem Laptop ausbreiten kannst.

Suche dir ein ruhiges Café zum Arbeiten

Auch wenn du im Voraus nach dem Internet deiner Unterkunft gefragt hast, kannst du trotzdem manchmal Pech mit der Verbindung haben. Vielleicht hast du auch irgendwann einfach keine Lust mehr, ständig in der Airbnb-Wohnung, im Hostel oder Hotel zu sitzen.
Dann lohnt es sich tatsächlich, ein Café mit guter Internetverbindung zu suchen. Achte aber darauf, dass du dich nicht für ein typisches Touri-Café entscheidest. Dort ist es oft brechend voll und brutal laut. Kein guter Ort, um sich zu konzentrieren. Halte am besten in kleinen Seitenstraßen nach netten Cafés Ausschau oder google vorher im Internet. Um die Qualität der Internetverbindung in einem Café zu testen, hat sich übrigens die Smartphone-App »Speedtest by Ookla« bewährt.

Nimm dir bewusst Zeit zum Reisen!

Du hast in letzter Zeit arg viel gearbeitet und merkst, dass du einen Tapetenwechsel brauchst? Dann hol ihn dir und schraub dein Arbeitspensum etwas runter. Erledige nur die nötigsten Dinge wie Bezahlungen oder wichtige Anfragen. Ansonsten genießt du die Reise in vollen Zügen!

Für uns als Reiseblogger ist das natürlich etwas komplizierter. Reisen IST unsere Arbeit. Um etwas Abstand zu bekommen, versuchen wir, uns an manchen Orten einfach ein wenig treiben zu lassen und unsere Umgebung zu genießen. Das heißt, wir sind unterwegs, ohne ständig die Kamera im Gepäck zu haben, sämtliche Sehenswürdigkeiten anzuschauen und alles Erlebte für den Blog zu dokumentieren.

Versuche, zeitlich flexibel zu bleiben!

Das ist ein Anspruch, der leider nicht immer zu erfüllen ist. Erst recht nicht, wenn du Termine hast, die eingehalten werden müssen. Trotzdem solltest du darauf achten, dass du dich nie von deinen Kunden zu sehr festnageln lässt. Dafür hast du dieses Leben nicht gewählt!

Stell dir einfach vor, du bist gerade in Los Angeles und willst eine hammergeile Tour durch die Stadt machen. Plötzlich ploppt folgende Meldung bei dir auf: »Problemfall! Schnell Fehler beheben! Das MUSS morgen wieder laufen!«

Was machst du nun? Die Nachricht ignorieren oder die Tour verschieben? Eine unangenehme Entscheidung, die man nicht treffen will, die du aber auch nicht unbedingt treffen musst. Sei deshalb zu deinen möglichen Kunden im Voraus immer ehrlich und erkläre ihnen, dass zeitliche Flexibilität für dich ganz weit oben steht. Kunden, die unbedingt mit dir zusammenarbeiten wollen, werden es trotzdem tun!

Im konkreten Fall hilft nur, auf dein Bauchgefühl zu hören und abzuwägen. Ist das ein Kunde, den du definitiv nicht verlieren willst, weil er pünktlich zahlt, deine gute Arbeit anerkennt und sehr umgänglich ist? Oder eher ein Pappenheimer, bei dem grundsätzlich alles sofort passieren muss? Oder gar jemand, der dich einfach nur nervt, belastet und dir kaum etwas einbringt?

HERZENSORTE FINDEN

Um über einen längeren Zeitraum produktiv, kreativ und auch energiegeladen arbeiten zu können, sind nicht nur dein Wille und enorme Leidenschaft notwendig, sondern auch die perfekte Umgebung.

Damit meinen wir vor allem Orte, an denen du ein bis zwei Monate leben und richtig produktiv arbeiten kannst. Orte, die dein Herz höherschlagen lassen. Orte, an

denen du einfach alles oder zumindest vieles findest, was dich glücklich macht.
Das kann alles Mögliche sein: leckeres (vegetarisches/veganes) Essen, herzliche Einheimische, weiße Sandstrände und traumhafte Sonnenuntergänge. Oder Berge, Schnee, atemberaubende Panoramen und Abgeschiedenheit. Vielleicht gehst du auch gerne surfen, liebst Yoga oder schnallst dir beim Snowboard das Brett unter die Füße? Orientiere dich einfach an deinen eigenen Bedürfnissen und Wünschen!

Was es zu klären gibt

Das Wichtigste bei der Auswahl ist immer das Gefühl. Wie fühlt sich ein Ort für dich an? Geht dein Herz bereits am Morgen auf, wenn du aus dem Fenster schaust? Würdest du am liebsten sofort länger bleiben? Oder ist genau das Gegenteil der Fall?
Oft gibt es auch Orte, bei denen eigentlich alles passt. Wo du alles finden kannst, was für dich wichtig ist. Aber trotzdem will der Funke einfach nicht überspringen. Höre deshalb immer auf dein Inneres, um einen wirklichen Herzensort zu finden! Meist wirst du schon nach wenigen Tagen feststellen, ob du dich wohlfühlst oder nicht.
Neben den emotionalen Aspekten gibt es aber auch noch ein paar weitere Punkte, die bei deiner Auswahl wichtig sind. Stelle dir dazu am besten folgende Fragen:

- Gibt es schnelles, stabiles Internet vor Ort?
- Kann ich mir einfach eine lokale Sim-Karte mit Datenvolumen besorgen?
- Wie lauten die Visa-Bestimmungen? Ist es problemlos möglich, auch länger als zwei bis vier Wochen im Land zu bleiben?
- Komme ich mit schwülem, heißem Klima klar oder bevorzuge ich doch eher milde, mittlere Temperaturen? Oder dürfen es auch Kälte und Schnee sein?
- Wie hoch sind die Lebenshaltungskosten im jeweiligen Land?
- Mit welchen Einschränkungen muss ich in Sachen Hygiene und ärztliche Versorgung rechnen?
- Wie ist die Sicherheitslage vor Ort? Kann ich auch nachts problemlos vor die Tür?
- Wie ist die gesellschaftlich-religiöse Situation? Kann ich mich als Frau überall frei bewegen? Können wir als unverheiratetes Paar zusammenleben?
- Komme ich mit Englisch gut weiter? Welche Sprachen werden sonst gesprochen?
- Ist meine Unterkunft mit einem Arbeitstisch ausgestattet?

Der Punkt Internet steht natürlich auch hier über allem. Herzensort hin oder her, wenn die Internetgeschwindigkeit noch

aus den 90ern stammt, wird es nix mit Geld verdienen. Und Spaß macht's auch keinen!

Digitale Community und Coworking Spaces

Wir haben uns besonders in den Anfängen unserer Reisen immer danach erkundigt, ob es vor Ort bereits eine Community aus digitalen Nomaden bzw. ortsunabhängigen Unternehmern gibt. Es tut gut, sich mit Gleichgesinnten zu treffen, auszutauschen und auch mal feiern zu gehen. Oft bekommst du bei solchen Treffen jede Menge Inspiration und findest vielleicht sogar neue Freunde.

Wenn es bereits eine Community gibt, sind meist auch Coworking Spaces nicht weit, also Großraumbüros, in denen du dir täglich, wöchentlich und auch monatlich einen Arbeitsplatz reservieren kannst. Oft treiben sich hier andere digitale Nomaden rum, es werden Workshops angeboten oder es finden weitere Veranstaltungen statt.

Um einen Coworking Space zu finden, gibt es passende Suchmaschinen im Internet wie zum Beispiel www.coworker.com.

Ganz ehrlich: uns sind Coworking Spaces nicht so wichtig. Wir arbeiten auf Reisen sehr gerne in unserer Unterkunft, da wir

sowieso immer zu zweit sind. Außerdem wird in Coworking Spaces oft mehr über die mögliche Zukunft gequatscht, als wirklich produktiv gearbeitet. Zumindest waren das unsere Erfahrungen der letzten Jahre. Um Kontakte zu knüpfen, sind sie allerdings perfekt!

Damit wären wir auch schon beim nächsten Punkt: Wie findet man seinen Herzensort? Ganz einfach. Durchs Reisen. Durchs Ausprobieren.
In den letzten drei Jahren haben wir viele Länder gesehen und jede Menge Orte kennengelernt. Die meisten davon waren extrem beeindruckend, haben uns viel gelehrt und es war wunderschön, einige Tage oder auch mal zwei Wochen dort zu verbringen. Aber nicht viele wurden echte Herzensorte. Orte, die wir uns auch als Zuhause für mehrere Monate vorstellen konnten.

Die wenigen jedoch, die sich tief in unser Herz gruben, sehen uns seitdem regelmäßig wieder. Bevor Kuala Lumpur zu unserer ersten richtigen Homebase wurde, haben wir uns deshalb immer einen unserer Lieblingsplätze herausgesucht, wenn wir für mehrere Wochen und Monate richtig produktiv arbeiten mussten.

Mögliche Herzensorte

In diesem Infosheet findest du nun einige Orte, die besonders gut für ortsunabhängige Online-Unternehmer geeignet sind, weil du zumindest auf viele der Fragen, die du dir auf der vorherigen Seite stellen konntest, ein Ja als Antwort bekämst. Das heißt aber noch lange nicht, dass es dir dort gefallen wird.
Neben Koh Pha-ngan und Chiang Mai, die bekannte Hotspots für digitale Nomaden sind, lieben wir persönlich zum Beispiel auch Pai, Kuala Lumpur und Andalusien. Drei Ecken unserer Welt, die nicht wirklich für große Communities ortsunabhängiger Unternehmer bekannt sind.

EUROPA
Deutschland: Berlin, Hamburg
Spanien: Barcelona, Valencia
Ungarn: Budapest
Portugal: Lissabon, Porto
Estland: Tallinn
Tschechien: Prag
Serbien: Belgrad

AFRIKA
Marokko: Taghazout
Südafrika: Kapstadt

ASIEN
Thailand: Bangkok, Chiang Mai, Koh Pha-ngan, Koh Lanta
Vietnam: Ho-Chi-Minh-City
Indonesien: Bali (Ubud und Canggu)

Kleiner Tipp: Auf der Internetseite www.nomadlist.com kannst du die oben genannten Orte und Städte (und noch viele mehr) daraufhin überprüfen, ob sie gut mit deinen Wünschen und Anforderungen übereinstimmen. Dir werden Infos zu Lebenshaltungskosten, Internetsituation, Sicherheit und vielem mehr angezeigt.

DIE RICHTIGE TECHNIK WÄHLEN

Wenn du online und ortsungebunden richtig durchstarten willst, kommst du nicht an hochwertiger, zuverlässiger Technikausrüstung vorbei. Daher: Spare niemals bei deiner Technik! Wirklich niemals!

Zumindest nicht bei den Dingen, die du zwingend zum Arbeiten und für dein mobiles Büro brauchst. Wir haben diesen Fehler lange Zeit selbst gemacht und jeden Cent an der falschen Stelle umgedreht. Die Folge: In den letzten drei Jahren haben wir insgesamt vier Laptops, zwei Kameras, eine Action-Cam und vier externe Festplatten verbraten. Kein Witz!

Unsere ersten beiden Laptops zum Arbeiten kosteten uns gerade mal zwischen 300 und 500 €. Was wir dafür bekamen? Genau das, was wir auch bezahlten. Richtige Plastikbomber, die schon beim Auspacken einen billigen Eindruck machten.

Klar, wenn du einen Laptop nur zum Surfen, für YouTube und ab und zu für ein paar E-Mails nutzt, dann tut es auch ein Gerät für diesen Preis. Wenn es aber täglich im Dauerbetrieb ist, dann kommt es nicht nur rasch an seine Grenzen, sondern segnet schneller das Zeitliche als dir lieb ist.

Das gilt übrigens nicht nur für Laptops, sondern auch für alle anderen technischen Geräte, die für dein Business essenziell sind. Das können eine Kamera, ein Podcast-Mikrofon, eine externe Festplatte und vieles mehr sein.

Gut UND günstig? Funktioniert nicht!

Professionelle Hardware ist immer ein gutes Stück teurer, weil sie darauf ausgelegt ist, über Wochen, Monate und auch Jahre hinweg zuverlässig zu funktionieren. Oft auch bei härteren Klimabedingungen. Denn in einigen Teilen der Welt herrscht eine deutlich höhere Luftfeuchtigkeit als in Europa und bestimmte Bauteile können rosten. Vor allem in der Nähe des Meeres.

Eine höhere Investition in die richtige Ausstattung ist also extrem wichtig für jeden Online-Unternehmer. Die Technik soll dich schließlich unterstützen, dir unter die Arme greifen und dir nicht ständig auf die Nerven gehen.

Uns ist aber auch klar, dass es vor allem am Anfang meist nicht möglich ist, Tausende Euros zu investieren. Oft ist einfach das nötige Geld nicht vorhanden, und manchmal weiß man auch nicht genau, wo einen der Weg die nächsten Monate wirklich hinführen wird. Am besten überlegst du dir also, welcher Teil des Technikequipments vorerst am wichtigsten ist, und investierst dafür das meiste Geld. Bei den meisten ist das der Laptop.

Für die restliche Ausstattung darf es zu Beginn dann auch etwas weniger Geld sein, du kannst sie in Zukunft ja nach und nach austauschen.

Wir haben uns jedenfalls im Sommer 2017 endgültig entschieden, nie mehr gute Qualität für einen günstigen Preis zu erwarten. Das funktioniert einfach nicht. Im Laufe der letzten Monate haben wir unsere gesamte alte Ausstattung gegen richtig hochwertige und verlässliche Technik ausgetauscht. Das hat uns zwar Kohle im oberen vierstelligen Bereich gekostet, wir bereuen aber keinen einzigen Cent. Ganz im Gegenteil. Zum ersten Mal haben wir das Gefühl, wirklich in die Zukunft unseres Business investiert zu haben. Wenn du dich dafür interessierst, welche Dinge wir nutzen und warum, kannst du das auf unserer Website nachlesen.

DIE RICHTIGE ORGANISATION VON ANFANG AN

Gibt es da nicht dieses eine Sprichwort? Ordnung ist das halbe Leben? Papperlapapp! Wir sind mittlerweile der Meinung: Nur das Chaos bringt´s! Okay, ganz so stimmt es dann doch nicht. Wahrscheinlich liegt die Wahrheit irgendwo dazwischen.

Wir haben unter anderem beide das Talent, in einer neuen Unterkunft sämtliche Klamotten innerhalb von fünf Minuten im gesamten Raum zu verteilen. Auch unsere Reisen laufen zum Großteil ungeplant und relativ chaotisch ab.
Kleines Beispiel gefällig? Aber gerne doch! Der »Plan« war folgender: Wir kommen nach einer Busfahrt nachts um 12:00 Uhr in Saigon, einer der größten Städte Vietnams, an, fahren anschließend zum Bahnhof, legen uns dort im Gebäude für ein paar Stunden aufs Ohr und nehmen direkt in der Früh um 5:30 Uhr den ersten Zug Richtung Hoi An. Was wir allerdings nicht wussten: Der Bahnhof von Saigon schließt über Nacht. Wir standen also im Dunkeln vollbepackt vor verschlossenen Bahnhofstüren. Um uns rum zahlreiche Vietnamesen und fertige Straßenhunde, die uns alle anschauten, als wären wir von einem anderen Planeten.
Unsere Optionen? Nr. 1: Wir legen uns einfach mit dem Gepäck vor dem Bahnhof zu den Hunden und holen uns sämtliche Krankheiten. Nr. 2: Wir irren durch die Stadt, suchen ein Hotel mit 24-Stunden-Rezeption und fragen nach einem freien Zimmer. Da uns Option 1 doch etwas zu riskant war, schulterten wir lieber wieder die Backpacks und machten uns völlig übermüdet auf die Suche nach einer kurzfristigen Schlafmöglichkeit. Nach ca. 20 Minuten fanden wir zum Glück relativ zügig ein kleines, etwas vergammeltes Hotel, das uns für vier Stunden ein Zimmer zur Verfügung stellte. Hätten wir das Ganze von Anfang

an richtig organisiert und uns etwas besser informiert, hätten wir uns die Aktion auch problemlos sparen können!

Wenn es allerdings um die Arbeit geht, sieht es bei uns total anders aus! Da muss einfach alles strukturiert und top organisiert sein. Wir haben vor allem bei Love & Compass gemerkt, dass wir rein gar nichts erreichen und bewegen, wenn wir völlig planlos in den Tag hineinarbeiten. »Mal ein bisschen hiervon, mal ein bisschen davon. Wird schon laufen!« – Nein, so läuft leider nichts. Wenn du allerdings deine Arbeitszeit richtig organisierst und dir intensive Gedanken zu Ablauf, Einteilung und Zielen machst, wirst du dein Produktivitätslevel um 100 Prozent steigern können.

SETZE DIR TAGESZIELE, WOCHENZIELE, MONATSZIELE UND JAHRESZIELE

Am Anfang unserer digitalen Selbstständigkeit bewegte sich einfach nichts und wir traten lange Zeit auf der Stelle. Kein Wunder, denn wir arbeiteten einfach ins Blaue hinein und unser einziger Gedanke war: »Irgendwann werden wir schon Geld mit Love & Compass verdienen.« Die Betonung liegt hier auf irgendwann. Genau das war unser Fehler. Wir setzten uns anfangs kein klares Ziel.
Wir hätten uns stattdessen sagen müssen: »In zwei Jahren verdienen wir mit Love & Compass unseren kompletten Lebensunterhalt!« Das ist eine Aussage mit Power! Das ist ein echtes Ziel, auf das man konkret hinarbeiten kann! Ein Ziel, das wir tatsächlich in diesem Zeitraum erreichten. Wie? Indem wir es in viele größere Unterziele und diese wiederum in klare Tagesziele, Wochenziele und Monatsziele splitteten. Außerdem stellten wir uns dazu eine zentrale Frage: »An welchen Schrauben müssen wir drehen, um in kürzester Zeit die meisten, dauerhaften Einnahmen zu generieren?«
Eines unserer größeren Unterziele war zum Beispiel die Veröffentlichung eines Andalusien-Reiseführers. Um das zu erreichen, setzten wir uns unter anderem die folgenden kleineren Ziele:

- Tagesziel: Wir schreiben jeden Tag mindestens fünf Seiten des Buches
- Wochenziel: Wir schreiben pro Woche ein großes Kapitel
- Monatsziel: Die Hälfte des Buches muss fertig geschrieben sein
- Drei-Monatsziel: Der Reiseführer ist komplett geschrieben, designt und steht zum Kauf bereit

Natürlich gab es noch weitere Unterziele, die kurze Auflistung soll dir einfach nur zeigen, wie eine Zielaufteilung aussehen könnte. Der große Vorteil dadurch: Du hast jeden Tag ein kleines Erfolgserlebnis, aber auch das langfristige Ziel immer vor Augen. Das spornt ungemein an!

Erstelle richtige To-Do-Listen

Tägliche To-Do-Listen gehören zum Online-Unternehmer wie ein zuverlässiger Laptop. Erfolgreiches Arbeiten steht und fällt mit diesem Tool! Außerdem bauen sie auf den gerade angesprochenen Zielen auf.

Doch nicht jede To-Do-Liste ist gut durchdacht. Oft werden die Aufgaben völlig ungeordnet reingepackt, nach dem Motto: »Hauptsache, ich weiß, was ich am nächsten Tag zu tun hab!« Nicht gerade die beste Herangehensweise, da man gerne die einfachen Dinge zuerst erledigt und die Konzentration für die wichtigen und kreativen Arbeiten dann nicht mehr reicht. Es ist also extrem sinnvoll, dass du bei deinen To-Dos klare Prioritäten setzt. Ordne die Aufgaben nach Wichtigkeit und arbeite sie dementsprechend ab.

Überlege dir auch ganz genau, was tatsächlich wichtig ist und was Zeit hat. Ist es entscheidend, die eher unwichtige E-Mail eines Kunden sofort zu beantworten, oder solltest du lieber zuerst deine Energie für einen neuen Blogbeitrag einsetzen, der dauerhafte Einnahmen verspricht? Ich denke, du kennst die Antwort bereits!

Kleines Beispiel:

- Vormittag – oberste Priorität (erfordert Konzentration, viel Zeit und ist am meisten Erfolg versprechend):
  - Neues Kapitel für einen Reiseführer schreiben
- Früher Nachmittag – mittelwichtig (erfordert weniger Zeitaufwand & ist nicht extrem dringend):
  - Facebook-Post schreiben
  - Passende Bilder zum Post bearbeiten
- Später Nachmittag – untere Priorität (erfordert wenig Konzentration, Kreativität & Zeit):
  - Rechnungen schreiben
  - Bilder sortieren und löschen

Solltest du nun am Ende des Tages nicht alle Punkte deiner Liste abhaken können, ist das nicht weiter schlimm. Es sind dann nur noch die »unwichtigeren« Dinge übrig. Dinge, die du auch noch morgen erledigen kannst, wenn du vielleicht früher mit den wichtigen Aufgaben durch bist. Dennoch: es sollte immer dein oberstes Tagesziel sein, alle Aufgaben deiner Liste zu erfüllen, damit nicht zu viel aufläuft! Wenn du merkst, dass du regelmäßig nicht fertig wirst, nimmst du dir vielleicht einfach zu viel vor – überprüfe deine Liste noch mal kritisch: Der Tag hat schließlich nur 24 Stunden …

Ebenfalls wichtig: Oft kommt man in Versuchung, Aufgaben mit einer hohen Priorität, auf die man keinen Bock hat, als unwichtig abzustempeln und sie immer wieder vor sich her zu schieben. Das ist uns früher selbst viel zu oft passiert! Bestes Beispiel: ein hilfreicher Beitrag darüber, wie man am besten Tickets für eine der bekanntesten Sehenswürdigkeiten Spaniens, die Alhambra, kauft und welche

Ticketoptionen sich wirklich lohnen. Was für ein unfassbar trockenes, langweiliges Thema! Aber weißt du was? Mittlerweile generieren wir durch die Ticketverkäufe Affiliate-Einnahmen (erklären wir weiter vorne im Buch) im mittleren dreistelligen Bereich. Pro Monat.

Doch wie konnten wir uns schlussendlich dazu überwinden, den Blogbeitrag endlich zu schreiben? Indem wir uns einfach mal überlegten, wie groß der Nutzen des Beitrags für unser Business sein kann. Die ernüchternde Erkenntnis: Wir lassen uns bares Geld durch die Finger gehen! Also bissen wir direkt am nächsten Tag die Zähne zusammen und boxten den Beitrag durch. Mittlerweile überlegen wir uns deshalb immer den Nutzen eines To-Dos für Love & Compass und haben seitdem kaum noch Probleme, wichtige Dinge auch wirklich anzugehen!

Wir erstellen unsere täglichen To-Do-Listen übrigens immer am Anfang der Woche. So können wir perfekt auf das größere Wochenziel hinarbeiten. Außerdem lassen wir an manchen Tagen etwas Platz, falls kurzfristig wichtige Aufgaben dazwischenkommen.

Erledige kreative und fordernde Arbeiten, wenn du persönlich am leistungsfähigsten bist

Nach einem erholsamen Schlaf ist unser Gehirn am fittesten und leistungsfähigsten. Für viele Menschen ist das am Morgen. Wenn du jedoch zu den Nachteulen gehörst, die morgens grundsätzlich schwer in die Gänge kommen, wirst du vielleicht tagsüber ein paar Stunden Siesta machen und dann am Abend oder gar die Nacht über produktiv sein. Aber du weißt ja selbst am besten, wie du tickst! Wichtig ist, dass du die Zeit, in der du am leistungsfähigsten bist, nicht nur nutzt, um die wichtigsten Punkte deiner To-Do-Liste abzuarbeiten, sondern auch, um kreative oder fordernde Aufgaben zu erledigen.

Wir selbst haben außerdem die Erfahrung gemacht, dass es trotz aller To-Do-Listen im Endeffekt immer gut ist, sich eine gewisse Flexibilität zu bewahren und nicht allzu verbissen an bestimmten Tagesabläufen zu kleben. Vor allem wenn noch etwas anderes Wichtiges dazwischen kommt. Das macht vieles im Leben leichter!

Konzentriere dich immer nur auf eine Aufgabe

Vor allem wenn man online arbeitet, ist die Verlockung groß, viele Dinge gleichzeitig zu erledigen. Hier mal kurz eine E-Mail beantworten, dort jemandem bei Facebook zurückschreiben und zwischendrin auch noch eine Zeile für einen Instagram Post verfassen ...

Ganz ehrlich: Das geht nicht bzw. geht es natürlich schon. Aber das Ergebnis ist am Ende für den Arsch. Wenn du ständig zwischen mehreren Aufgaben hin und her springst, kannst du dich auf keine davon wirklich konzentrieren und wirst ganz automatisch Fehler einbauen.

Nimm dir deshalb eine Aufgabe nach der anderen vor und konzentriere dich auch wirklich nur auf diese eine Sache. Du wirst sie dadurch viel schneller und viel zufriedenstellender erledigen können.

Sorge für feste Arbeitszeiten

Feste Arbeitszeiten? Als Selbstständiger? Wo gibt's denn so was! Ja, das haben wir uns auch lange Zeit gefragt. Oft arbeiteten wir, die wir beide echte Morgenmenschen sind, bis tief in die Nacht. Immer in dem Glauben, wir würden dann deutlich mehr schaffen!

Das ist aber totaler Quatsch. Wir Menschen schaffen immer genau das, was wir uns vornehmen und was wir wirklich schaffen wollen. Wenn wir zehn Stunden dafür Zeit haben, dann dauert es zehn Stunden. Wenn wir nur acht Stunden haben, dann schaffen wir es interessanterweise oft auch in dieser Zeit.

Richte deshalb eine klare Ansage an dich selbst. Zum Beispiel: »Ich arbeite bis zum Abendessen und danach ist Schluss!« Du wirst nicht nur locker alle Aufgaben bis dahin erledigen, sondern hast danach sogar noch Zeit für dich selbst. Die braucht man schließlich auch!

DIE GRÖSSTEN PRODUKTIVITÄTS-KILLER UND DER UMGANG DAMIT

Produktivität ist ein Thema, bei dem du wahrscheinlich dein ganzes Leben lang nicht auslernen wirst. Man kann immer Kleinigkeiten verbessern und der Umgang damit fällt vielen Selbstständigen nicht leicht.

Auch wir müssen sagen: richtig fokussiert und produktiv zu sein, ist eine der härtesten Lektionen des freiberuflichen Daseins! Das gilt erst recht für digitale Nomaden. Durch diesen besonderen Lebensstil kommen nämlich Ablenkungen hinzu, die einen normalen Selbstständigen eher nicht betreffen.
Doch was heißt produktiv sein wirklich? Wir selbst verstehen darunter Folgendes: Die wichtigsten To-Dos, die den größten Fortschritt versprechen, so konzentriert und fokussiert wie möglich abzuarbeiten. Das Problem daran: Überall lauern Ablenkungen, die wie eine Falle zuschnappen können und dich so schnell nicht mehr loslassen! Je öfter du dich während der Arbeit ablenken lässt, umso schwieriger wird es auch, wieder in den produktiven Modus zurückzufinden.

Um das Ganze in Zukunft besser in den Griff zu bekommen, haben wir dir in diesem Kapitel die schlimmsten Produktivitätskiller und die jeweils passende Lösung aufgelistet.

Produktivitätskiller Nummer 1: Das Smartphone

Das Smartphone steht unangefochten an erster Stelle aller Produktivitätskiller! Es lenkt auch Nicht-digitale-Nomaden ständig ab und vereint viele weitere Killer unter einem Hut: Social Media, Messenger wie WhatsApp, Anrufe, SMS, E-Mails und vieles mehr.

Dadurch vergehen oft keine fünf Minuten, ohne dass das Handy zu vibrieren, klingeln oder leuchten beginnt. Vor allem, wenn das Smartphone auch noch am Arbeitsplatz liegt, ist die Ablenkung vorprogrammiert. Schließlich sind wir unglaublich neugierige Wesen und wollen immer sofort wissen, was abgeht.

Lösung: Smartphone komplett stumm stellen und ganz weit weg legen! Am besten in eine Schublade in einem anderen Zimmer verstauen. Wie sagt man so schön? Aus den Augen, aus dem Sinn! Wir machen das mittlerweile selbst oft so und legen dann zweimal am Tag eine Zeit fest, in der wir das Smartphone kurz herausholen, um uns wieder auf den neuesten Stand zu bringen (und meistens festzustellen, dass in der Zwischenzeit kaum was Wichtiges passiert ist). Dadurch sind wir deutlich produktiver geworden.

Produktivitätskiller Nummer 2: Sämtliche Funktionen des Smartphones

Doch was ist, wenn man das Smartphone nicht in der Schublade verstauen kann, da man es für die Arbeit braucht? Wir nutzen es zum Beispiel zum Eintragen von Reisekosten oder zum Markieren von wichtigen Orten während einer Reise. Infos, die wir später wiederum in Blogbeiträge einfließen lassen. Manchmal kommen wir also nicht daran vorbei, mit unseren Handys vor dem Laptop zu sitzen.

Genau in solchen Momenten ist es unglaublich wichtig, dass Social Media nicht dazwischenfunkt. Schließlich passiert ständig irgendwas bei Facebook, Instagram oder auf YouTube. Erst recht, wenn man selbst mit seinem eigenen Business stark in den sozialen Netzwerken vertreten ist und täglich mehrere neue Nachrichten von der Community bekommt. Nur kurz reingeschaut und schon war's das wieder mit der Konzentration.

Dasselbe gilt für Messenger wie WhatsApp, Telegram & Co., die uns mit unseren Lieben zu Hause verbinden, sowie für E-Mails, die sowohl privater wie geschäftlicher Natur sein können.

Lösung: Die App (OFFTIME). Dadurch kannst du selbst bestimmen, welche Apps du während der Arbeit benutzen kannst. Alle anderen werden blockiert und können nicht geöffnet werden, bis ein eingestelltes Zeitfenster abgelaufen ist. Auch sämtliche Messenger kannst du auf diese Weise blockieren. Das Ganze ist extrem nützlich!

Die App gibt es sowohl für Android als auch iOs. Bei iOs allerdings nur als Light-Version, da das Betriebssystem externen Apps nicht gestattet, andere Apps zu blockieren. Du kannst aber dein iPhone wenigstens für eine bestimmte Zeit in den Nicht-stören-Modus stellen, wodurch das Handy komplett unbenutzbar wird.

E-Mails sind noch mal ein Sonderfall, da sie sehr oft etwas mit der Arbeit zu tun haben. Allerdings ist keine Nachricht so wichtig, dass sie nicht ein paar Stunden, bis zum Ende deiner produktiven Phase, warten kann. Außerdem: Sollten dich Beschwerden oder andere negative Neuigkeiten erreichen, bringt dich das garantiert aus dem Konzept. Auch wir haben uns früher von negativen E-Mails den einen oder anderen Arbeitstag versauen lassen und waren am Ende doppelt gefrustet.

Auch hier gilt für das Smartphone wieder OFFTIME, beim Laptop kannst du dagegen Webseiten wie gmail.com durch das Programm »SelfControl« blocken lassen. Das gibt es als App-Erweiterung für den Google-Chrome-Browser und für MacBooks als richtiges Programm zum Download. Bei einem installierten E-Mail-Programm, wie zum Beispiel Outlook, musst du allerdings ein wenig

Selbstdisziplin zeigen und die Mails einfach nicht öffnen. Eine gute Übung, die auch nicht schadet!

Produktivitätskiller Nummer 3: Die Umgebung

An den schönsten Orten der Welt zu arbeiten ist manchmal Fluch und Segen zugleich. Oft ist der nächste Strand oder die nächste tolle Sehenswürdigkeit nicht weit. Mit diesem Wissen im Hinterkopf kann es ganz schön schwierig sein, trotzdem am Laptop sitzen zu bleiben. Vor allem wenn du einen starken »Entdeckerdrang« in dir trägst. Auch wir hatten anfangs unsere Probleme damit, da wir extrem viele Hummeln im Hintern haben und einfach alles sehen wollen. Außerdem triffst du an deinem Herzensort mit Sicherheit auch andere Reisende, die nicht online arbeiten, sondern einfach nur etwas erleben wollen, und mit denen du gern mehr Zeit verbringen würdest.

Lösung: Nimm dir ganz bewusst einen oder zwei Tage pro Woche raus, wo du nicht arbeitest, sondern die Umgebung erkundest, dich mit Leuten triffst oder einfach nur die Atmosphäre und das Leben vor Ort in dich aufsaugst. Ein guter Mittelweg ist hier die optimale Lösung. Du wählst dieses Leben schließlich nicht, um nur reisen zu können, aber auch nicht, um nur zu arbeiten. Wenn du dir so offiziell bestimmte Zeiten frei gibst und dabei die richtige Mischung findest, musst du weder ständig gegen die Sehnsucht, etwas erleben zu wollen, ankämpfen, noch ein schlechtes Gewissen haben, weil du gerade nicht produktiv bist.

Produktivitätskiller Nummer 4: 500 Projekte gleichzeitig erledigen

Als Unternehmer in der Onlinewelt ist die Gefahr groß, zig verschiedene Projekte zu starten und keines davon richtig durchzuziehen. Ging uns genauso! Es gab eine Zeit, da haben wir neben Love & Compass noch drei Affiliate-Seiten aus dem Boden gestampft, an einem Projekt über Handyfotografie mitgearbeitet und auch noch unsere Kunden bedient.
All die Dinge ohne weitere Mitarbeiter unter einen Hut zu bringen ist unmöglich. Und dennoch wirst du manchmal vor Tatendrang einfach übersprudeln und gefühlt jeden Tag eine andere coole Idee für ein neues Projekt haben, irgendwie ALLES ausprobieren und ohne Ende Gas geben wollen … Du wirst aber auch relativ schnell merken, wenn du dir zu viel auf die Schultern geladen hast.
Womit wir beim eigentlichen Problem wären: Hast du einmal mit einem Projekt angefangen, ist es recht schwierig, wieder damit aufzuhören. Erst recht, wenn du nicht alleine, sondern gemeinsam mit anderen Unternehmern daran arbeitest. Schließlich willst du niemanden hängen lassen, indem du plötzlich

wieder aussteigst. Auch die investierte Zeit wäre dadurch völlig in den Wind geschossen.

Lösung: Setze unbedingt Prioritäten! Da draußen gibt es Tausende coole Ideen und Projekte. Doch du solltest dir zu jedem Projekt folgende Fragen stellen:

- Brenne ich wirklich für das Thema oder finde ich einfach nur die Idee gut?
- Kann ich mir vorstellen, mehrere Monate oder Jahre meiner Zeit dafür zu investieren?
- Hat das Projekt eine Zukunft bzw. ist das Thema auch in einigen Jahren noch aktuell?

So kannst du 99 Prozent aller Projekte von Anfang an aussortieren und dich viel besser auf dein eigenes Herzensprojekt konzentrieren.

Produktivitätskiller Nummer 5: Der falsche Schlaf

Ein Punkt, der leider oft unterschätzt wird! Falscher Schlaf hat eine große Auswirkung auf deine Produktivität. Grundsätzlich hat jeder Mensch ein anderes Schlafbedürfnis, die einen brauchen acht Stunden, um sich gut zu fühlen, den anderen sind sechs Stunden vollkommen genug. Wie vorn schon erwähnt, gibt es Menschen, die nachts besser arbeiten können, andere wiederum bevorzugen den Tag bzw. den frühen Morgen. Welcher Typ du bist und was dir guttut, weißt du ja wahrscheinlich aus Erfahrung selbst, wobei sich das durch eine neue Umgebung auch ändern kann. Wichtig ist also, dass du auf deinen persönlichen Rhythmus achtest und nicht dauerhaft darüber hinweg gehst. Denn dann leidet die Produktivität gewaltig!

Lösung: Wenn du dir nicht sicher bist, was du in der aktuellen Umgebung und im vielleicht ungewohnten Klima am ehesten brauchst, probiere viel aus. Schlafe mal länger, mal kürzer. Gehe mal früh ins Bett und steh früh auf, geh aber auch mal spät ins Bett und fang auch später zu arbeiten an. Du wirst dadurch relativ fix merken, wann du dich am frischesten fühlst. Passe anschließend deinen Schlafrhythmus daran an. Anfangs wirst du dazu bestimmt einen Wecker brauchen, mit der Zeit gewöhnt sich aber dein Körper daran und du wirst von allein aufwachen.

WICHTIGE TOOLS & PROGRAMME

Zur Abwechslung wollen wir mal keine großen Worte verlieren, sondern direkt ans Eingemachte gehen. In diesem Abschnitt findest du nun alle wichtigen Tools und Programme, die wir selbst seit

Jahren zum Arbeiten nutzen und die auch für dich interessant sein könnten.

Unsere Favoriten fürs Schreiben

Evernote: Ein Schreib- und Organisationsprogramm, das wir hauptsächlich für kürzere Texte verwenden. Zum Beispiel für Instagram oder Facebook-Posts, für Newsletter-Texte und für kleinere Blogbeiträge. https://evernote.com/

Microsoft Word: Das gute, alte Word. Auch wenn es sicher günstigere Alternativen wie Open Office gibt, lieben wir es einfach. Unsere erste Wahl, wenn wir längere Texte für unsere Bücher oder den Blog schreiben. https://products.office.com/de-de/word

Microsoft Powerpoint: Damit erstellen wir unser Media Kit und auch kleinere Präsentationen, die wir vor allem während Tourismusmessen benötigen. https://products.office.com/de-de/powerpoint

Für die Kommunikation

Skype: Das mit Abstand beliebteste Programm für Videotelefonie weltweit. Auch wir nutzen es regelmäßig für Einzel-und Gruppengespräche. Du kannst es dir außerdem auch als App auf dein Smartphone laden. www.skype.com/de/

FaceTime: Apples exklusives Programm für Videotelefonie. Funktioniert leider nur zwischen Apple-Geräten wie MacBook, iPad, iPhone und Co, läuft oft aber mit einer stabileren Verbindung als Skype. Für Business-Gespräche nutzen wir es allerdings kaum, da nicht jeder ein Apple-Gerät besitzt und Skype deutlich verbreiteter ist. FaceTime ist dagegen unsere Wahl, um mit Freunden zu quatschen. Außerdem ist es auf sämtlichen Apple-Geräten beim Kauf vorinstalliert.

Gmail: Ist schon jahrelang unser E-Mail-Anbieter Nr. 1 für all unsere E-Mail-Adressen. Unserer Meinung nach alternativlos zwischen den unzähligen anderen Online-Anbietern. Einfach zu bedienen, einfach einzurichten, einfach gut. www.google.com/intl/de/gmail/about/

WhatsApp Desktop: Wird oft unterschätzt! Dabei ist WhatsApp Desktop eine hervorragende Möglichkeit, um Kunden oder Partnern eine fixe Nachricht zukommen zu lassen. An der Laptop-Tastatur schreibt es sich halt doch deutlich schneller als am Smartphone. Aber auch die Sprachnachrichten sind Gold wert. Du musst dadurch keine ewig langen Texte verfassen und kannst auch kompliziertere Themen ohne lange Skype-Calls viel besser erklären. www.whatsapp.com/ download/

Slack: Vor allem, wenn du in einem größeren Team arbeitest, führt kaum ein Weg an Slack vorbei. Es ist eine Art Teamchat, der in verschiedene Channels unterteilt werden kann. Auch Einzelchats, Videotelefonie oder das Hochladen von Dateien ist möglich. Hinzu kommt, dass Slack unglaublich einfach zu bedienen und zu verstehen ist. Gibt es als Programm für den Laptop, aber auch als Smartphone-App. https://slack.com/

Für die Organisation

Evernote: Wir nutzen Evernote nicht nur für kleinere Texte, sondern auch, um uns komplett zu organisieren. Wir legen tägliche To-Do-Listen zum Abhaken an, sammeln Keywords, schreiben sämtliche Ideen auf, erstellen Checklisten, planen zukünftige Investitionen und vieles, vieles mehr. Evernote ist einfach unser absolutes Lieblingsprogramm, da es in der kleinsten Version kostenlos ist und viele verschiedene Dinge vereint! https://evernote.com/

Trello: Perfekt zum Anlegen zahlreicher To-Dos und Aufgaben, wenn du zusammen mit einem Team an einem größeren Projekt arbeitest. Sehr intuitiv und nach kurzer Einarbeitungszeit leicht zu bedienen. https://trello.com/

Google Calendar: Hier tragen wir alle Termine ein, die über Tage, Wochen und Monate anstehen. Skype-Calls, Geburtstage, Veranstaltungen, wann wir an welchen Orten sind und vieles mehr. Außerdem können wir die Termine miteinander teilen und auch die Kalender unserer Smartphones synchronisieren. https://calendar.google.com/calendar/

Google Docs/Sheets: Ähnlich wie Microsoft Word und Excel. Nur eben online, kostenlos und etwas eingeschränkter. Verwenden wir, um online Dokumente anzulegen, an denen mehrere Personen gleichzeitig arbeiten können.
www.google.com/docs/about/

Zeit-Tracking-Tools

Toggl: Wenn du auf Stundenbasis für Kunden arbeitest, ist es immer wichtig, deine Zeit zu messen. Mit Toggl geht das hervorragend! Du kannst aber nicht nur messen, sondern die Zeit auch unterbrechen, teilen und die gemessenen Zeitfenster benennen. Dadurch vergisst du nie, welche Zeiten zu welchem Kunden gehören und was du erledigt hast.
Link: https://toggl.com/

Foto & Video

Adobe Lightroom: DAS Programm, wenn es um die Organisation und Bearbeitung unserer Fotos geht! Es gibt unzählige Möglichkeiten, Regler und Einstellungen für den letzten Feinschliff eines Fotos. Benötigt allerdings etwas Einarbeitungszeit. www.adobe.com/de/products/photoshop-lightroom.html

Adobe Photoshop: Hat sogar noch viel mehr Möglichkeiten als Lightroom zu bieten. Du kannst zum Beispiel Hintergründe ausschneiden, mehrere Bilder übereinander legen oder zusammensetzen, Schriften erstellen und vieles mehr. Allerdings fehlt im Vergleich zu Lightroom die Möglichkeit, Bilddatenbanken anzulegen und somit deine Bilder zu organisieren. www.adobe.com/de/products/ photoshop.html

iMovie: Kostenloses Programm von Apple zum Schnitt und Bearbeiten von Videos. Reicht für kleinere und nicht sehr aufwendige Filme durchaus aus, kommt aber auch schnell an seine Grenzen, da die Auswahl an Schnittmöglichkeiten, Effekten, Übergängen und weiteren Dingen deutlich geringer ist als bei Profi-Programmen. www.apple.com/de/imovie/

Final Cut Pro: Ist die Profi-Version von iMovie. Dir stehen deutlich mehr Möglichkeiten für eine fortgeschrittene und professionelle Videobearbeitung zur Verfügung. Ist mit 329 € aber auch kein Schnäppchen. www.apple.com/de/final-cut-pro/

Adobe Premiere Pro: Ist die beliebte Alternative zu Final Cut Pro, die auch auf Windows-Laptops läuft. Ob es besser ist als Final Cut Pro? Darüber scheiden sich die Geister. Wir haben selbst keine Erfahrung mit Premiere Pro gesammelt, wollten es hier aber als Alternative für Windows-Nutzer nennen. www.adobe. com/de/products/premiere.html

Um fokussiert zu arbeiten

(Offtime): Haben wir schon ausführlich im Kapitel der größten Produktivitätskiller angesprochen. Dient dazu, sämtliche Apps deines Smartphones zu blockieren und nur ausgewählte Programme für einen eingestellten Zeitraum zuzulassen. http://offtime.co/

SelfControl: Mit SelfControl kannst du Webseiten, die dich gerne mal ablenken, sperren lassen. Gibt es für MacBooks als Programm zum Download, aber auch für den Google Chrome Browser als App-Erweiterung falls du einen Windows-Laptop nutzt. https://selfcontrolapp.com/

Für die Buchhaltung

FastBill: Unser Buchhaltungstool der Wahl. Im Laufe der Jahre haben wir noch zwei andere Programme ausprobiert, sind aber immer wieder bei FastBill gelandet. Du kannst Rechnungen, Angebote & Gutschriften erstellen, Ausgaben erfassen, Kunden anlegen, Belege hochladen und vieles mehr! Außerdem ist es sehr intuitiv und leicht verständlich. www.fastbill.com/

Microsoft Excel: In Excel tragen wir unsere kompletten monatlichen Einnahmen und Ausgaben ein. Außerdem erstellen wir am Ende des Jahres immer eine ausführliche Jahresbilanz, um einen guten Überblick über Gewinne oder Verluste zu erhalten. https://products.office.com/de-de/excel

Clouds & Online-Speicherplätze

Dropbox: In die Dropbox packen wir unsere Einnahmen-Ausgaben-Tabellen und sämtliche Dateien, die einer von uns beiden kurzfristig benötigt. Da wir beide auf die Ordner der Dropbox Zugriff haben, können wir dadurch schnell Dateien untereinander austauschen. Auch das Backup von Love & Compass wird automatisch in die Dropbox gespeichert. www.dropbox.com/

Google Drive: Unser großer Cloud-Speicher. Wir nutzen das 1-Terrabyte-Paket und speichern dort sämtliche Dateien ab. Bilder, Videos, Texte, Tabellen, einfach alles! Der Vorteil: Google Drive synchronisiert sich automatisch mit unseren externen Festplatten, sobald sie am Laptop angeschlossen sind, und lädt neue Dateien selbstständig in die Cloud. Sollten unsere externen Festplatten mal kaputt oder verloren gehen, haben wir dadurch immer noch alle Dateien online zur Verfügung. www.google.com/drive/

Für die Sicherheit

Dashlane: Speichert sämtliche Passwörter, die wir im Internet für zahlreiche Webseiten zum Login benötigen. Ist sehr sicher und kostenlos. www.dashlane.com/

SecureSafe: Ein Online-Safe, der nahezu unhackbar ist und in dem wir die geheimsten aller geheimen Dokumente speichern. Damit meinen wir Bankunterlagen, große Verträge, PINs und mehr. Kostenlos in der kleinen Version. www.securesafe.com/de/

DocWallet: Ähnlich wie SecureSafe, allerdings nicht online, sondern stationär auf deiner internen Laptop-Festplatte. Auch hier speichern wir geheime Dokumente zur Sicherheit noch mal ab. Sei dir aber bewusst, dass die DocWallet bei einem Hack deines Laptops oder einem Diebstahl leichter zu knacken ist als SecureSafe. www.docwallet.com/

Fürs Internet

Speedtest by Ookla: Eine unserer wichtigsten Smartphone Apps! Nutzen wir immer, um die Internetgeschwindigkeit in unserer Unterkunft, in einem Restaurant oder einem Café zu messen. Dadurch wissen wir sofort, ob sich der Ort unserer Wahl auch wirklich als Arbeitsplatz eignet. www.speedtest.net/apps

GÖNNE DIR REGELMÄSSIGE PAUSEN UND ERHOLUNG

Einer der größten Fehler, den wir die ersten Jahre immer und immer wieder gemacht haben und der vorn schon mal anklang: Wir haben uns keine Pausen gegönnt!

Wenn wir nicht gerade auf Reisen waren, saßen wir oft Tage und Wochen am Stück vor unseren Laptops. Von morgens bis abends. Von Montag bis Sonntag. Scheißegal, ob unsere Gehirne schon längst im Leerlauf-Modus waren.
Wir gingen darüber hinweg, weil wir einfach einen unglaublich starken inneren Drang hatten, immer weiterzumachen, immer mehr zu schaffen. Ja, wir wurden zu richtigen Workaholics! Ein Gefühl, das wir aus unseren früheren Angestelltenjobs nicht kannten. Klar, damals hatten wir kaum Verantwortung, das Gehalt wurde regelmäßig überwiesen (egal, ob wir uns reinhängten oder nicht) und ein großes Ziel vor Augen fehlte uns auch.
Das ist als Selbstständiger komplett anders. Plötzlich weißt du, wofür du arbeitest, hast du eine ganz andere Verantwortung. Aber auch die Sorge, dass du am Monatsende mit zu wenig Geld dastehen könntest, meldet sich immer wieder zu Wort. Durch diese Punkte entsteht eine riesige Eigenmotivation, die man von sich selbst meist nicht kennt und die dir richtig Flügel

verleiht. So starke und kräftige Flügel, dass es kein Problem ist, auch mal zwei bis drei Wochen durchzupowern.

Anzeichen, dass du ausbrennst

In bestimmten Situationen muss es auch so sein. Manchmal muss man einfach Gas geben, weil man kurz vor einem großen Ziel steht und endlich sagen will: »Es ist fertig! Ich hab's geschafft!« Allerdings liegt die Betonung auf manchmal. Gas geben, in die Tasten hauen und bis nachts am Laptop sitzen ist ja schön und gut. Allerdings vergisst man dadurch sehr schnell, dass man immer noch ein Mensch ist. Dass man einen Körper hat, der in regelmäßigen Abständen Ruhe, Erholung und Pflege braucht.

Die Folge: Irgendwann fällt man in ein richtiges Arbeitsloch. Bei manchen kommt es früher, bei manchen später. Aber irgendwann kommt es. Und meist mit voller Härte.

Merken kannst du das ziemlich schnell, wenn folgende Verhaltensmuster regelmäßig auf dich zutreffen:

- Am Morgen brauchst du plötzlich immer länger, bis zu aus dem Bett kommst.
- Du denkst dir öfters beim Frühstück: »Boah, heute hält sich meine Motivation aber in Grenzen.«
- Du sitzt immer öfter vor deinem Laptop, spornst dein Gehirn so richtig an und trotzdem will dir einfach nichts gelingen.
- Du machst regelmäßig kleine Fehler, die dir vorher nie passiert sind.
- Es fällt dir unglaublich schwer, dich auf das Wesentliche zu konzentrieren.
- Du lässt dich von jeder Kleinigkeit ablenken.
- Du findest keinen geordneten Arbeitsablauf mehr und machst mal hier und mal dort was.
- Du suchst ständig nach Ausreden vor dir selbst, um das Smartphone in die Hand zu nehmen.
- Du fühlst dich ziemlich schnell müde und einfach etwas ausgelaugt.
- Du brauchst für bestimmte Dinge viel länger als sonst üblich.
- Deine Laune war im Allgemeinen schon deutlich besser und du wirst schnell pampig anderen Menschen gegenüber.
- Kleine Wehwehchen melden sich – ein Ziehen im Nacken oder in den Schultern, regelmäßig Kopf- oder Bauchweh.

Mach regelmäßig Urlaub

Doch was tun, wenn es wirklich so weit gekommen ist? Einfach knallhart sein, den Laptop zuklappen und mal richtig Urlaub machen! Hört sich ein bisschen schräg an? Urlaub machen, obwohl du

Offline!

an den schönsten Orten der Welt arbeiten kannst? Ist es aber nicht! Auch die Paradiese dieser Welt schützen dich nicht davor, mal eine längere Pause zu brauchen.

Es ist übrigens gar nicht so einfach und erfordert viel Disziplin, sich diese Pause zu nehmen. Erst recht, wenn du dich in einem Kreativitätsloch befindest, aber auf Biegen und Brechen etwas erreichen willst. In solchen Momenten kann es sein, dass du dich wie ein Versager fühlst, weil du nichts auf die Reihe bekommst. Und da soll ausgerechnet Urlaub helfen? Fest steht aber, dass deine Produktivität in ungeahnte Höhen schießen wird, sobald du völlig erholt wieder zu arbeiten beginnst. Plötzlich geht alles viel leichter, schneller und konzentrierter. Außerdem wirst du einige Dinge mit ganz anderen Augen sehen und plötzlich Lösungen erkennen, die du zuvor tage- oder sogar wochenlang gesucht hast. Also: loslassen und die Füße hoch!

Nimm dir mindestens einen Tag pro Woche frei

Du kannst einem möglichen Kreativitätsloch außerdem vorbeugen, indem du dir mindestens einen, wenn nicht sogar zwei Tage, pro Woche freinimmst. Zeit, die nur dir gehört!

Das ist wirklich wichtig! Unser Gehirn ist nämlich ein Muskel wie jeder andere. Und jeder Muskel braucht nach einem harten Workout einfach mal Erholung. Erst recht, wenn er mehrere Tage hintereinander aufs Äußerste strapaziert wurde. Vielleicht denkst du dir jetzt: »Aber ich kann es mir doch gar nicht erlauben, einen oder zwei volle Arbeitstage dadurch zu verlieren!« Doch, kannst du. Denn du verlierst nichts, sondern gewinnst etwas: Mit etwas Erholung ist dein Gehirn wieder viel, viel leistungsfähiger und du schaffst in kürzerer Zeit deutlich mehr. Du wirst den arbeitsfreien Tag also locker wieder reinarbeiten!

Sei auch mal komplett offline!

Ganz offline? Waaas? Ja, wir meinen das ernst! Digital Detox ist das Stichwort! Einfach mal Smartphone aus, Laptop aus, Internet aus und einen Blick auf sich selbst werfen. Wie geht es mir innerlich? Wie haben mich die letzten Monate verändert? Macht mich meine aktuelle Situation überhaupt glücklich? Was kann ich anders machen?

Genau diese Fragen sind es, die wir uns sonst nie stellen, weil wir ständig online sind. Selbst wenn wir einen freien Tag haben, leiden wir unter digitaler Dauerberieselung. Wir vergessen viel zu leicht, dass es neben der Online-Welt auch eine Offline-Welt gibt.

Vor allem für Menschen wie uns, die online ihr Geld verdienen wollen, ist das eine große Hürde. Die ersten zweieinhalb Jahre waren wir selbst Daueronline. Blog hier, Instagram da, Facebook dort. Das erste in der Früh: der Griff zum Handy. Das letzte am Abend: der Griff zum Handy. Eigentlich traurig. So richtig bewusst wurde uns das aber erst, als wir mit der Zeit sogar anfingen, uns beide zu vergessen. Oft lagen wir abends stundenlang im Bett. Aber nicht, um über Gott und die Welt zu philosophieren oder uns einfach nur im Arm zu halten, sondern um uns anzuschweigen und lieber irgendwelche unwichtigen News in Facebook zu checken. Unsere »Sucht« nahm sogar solche Ausmaße an, dass wir unser Smartphone ständig in die Hand nahmen, völlig unbewusst und egal zu welchem Zeitpunkt. Sogar während wir miteinander redeten, gab es immer wieder Momente, in denen einer von uns beiden plötzlich mitten im Gespräch das Handy zückte und nicht mehr zuhörte. Verrückt, oder?

Umso erfüllender und erholsamer war dafür unsere allererste Offline-Zeit. Eine Woche lang hatten wir in einer kleinen Bungalowanlage am Strand alles abgeschaltet und der digitalen Welt »Bye, bye!« gesagt. Weißt du was? Es war die schönste Zeit seit langem! Wir hatten das Gefühl, zum ersten Mal seit Jahren so richtig zur Ruhe zu kommen. Wir konnten endlich über all die Dinge nachdenken, die wir monatelang zurückgedrängt hatten, und haben dadurch vieles für unsere Zukunft erkannt! Und wir haben die Auszeit auch sehr genossen, um uns als Paar wieder aktiv einander zuzuwenden. Das ist leider keine Selbstverständlichkeit, auch wenn man sich nicht morgens verabschiedet und an zwei verschiedene Arbeitsplätze fährt, sondern 24 Stunden beisammen ist und an gemeinsamen Projekten werkelt. Auch heute noch gönnen wir uns immer wieder solche Auszeiten, die uns jedes Mal ein Stück weiterbringen!

Nachwort

Hör auf zu überlegen. Leg los! Jetzt!

Hallo, schön, dass du am Anfang angekommen bist! Bestimmt denkst du dir jetzt: »Was für ein Anfang? Das ist doch der Schluss des Buches?!«

Ja, damit hast du vollkommen recht. Das ist der Schluss des Buches, aber gleichzeitig auch der Start in dein neues Leben – zumindest hoffen wir das! Wir hoffen, dass wir dich mit diesem Buch auf eine Reise schicken, die so schnell nicht enden und dich deinem Traumleben ein großes Stück näherbringen wird!
Alles, was du bisher gelesen hast, kam ganz tief aus unserem Inneren. Wir haben dir unsere persönliche Geschichte verraten, dir gezeigt, dass man auch als kompletter Quereinsteiger durchstarten kann, und dir jede Menge Know-how rund um ortsunabhängiges Arbeiten weitergegeben.

Weißt du außerdem, wie oft wir dieses Buch selbst gelesen haben? Hunderte Male. Immer und immer wieder. Ungelogen, manche Kapitel haben wir sogar zwei-, dreimal umgeschrieben. Ständig fielen uns neue Ideen und weitere Hinweise ein, die unbedingt noch reinmussten. Wir wollten einfach auf Nummer sicher gehen, dass dir dieses Buch wirklich weiterhilft. Damit du sagen kannst: »Endlich wurden viele meiner Fragen beantwortet. Ich sehe nun einiges deutlicher!«
Wenn wir ehrlich sind, hätten wir locker noch 200 oder 300 weitere Seiten dranhängen können. Wir hätten manche Bereiche vertiefen und mit Fachbegriffen um uns werfen können. Aber das war nicht unser Ziel! Ganz im Gegenteil. Wir wollten dir vor allem zeigen, was überhaupt möglich ist und was du für deinen großen Traum investieren musst. Wenn du dann in Zukunft tiefer in bestimmte Themen einsteigen möchtest (und das wirst du tun müssen), führt sowieso kein Weg an Fachbüchern vor-

bei, die sich nur um ein bestimmtes Gebiet drehen.

Bevor wir aber nun endgültig zum »Anfang« kommen, wollen wir dir noch mal drei Punkte nennen, die du bereits öfter auf ähnliche Art in diesem Buch gelesen hast und die für uns die wichtigsten Pfeiler des Erfolgs sind:

1. Liebe und Leidenschaft für dein eigenes Projekt
2. Der Drang, sich ständig weiterentwickeln zu wollen
3. Eisernes Durchhaltevermögen

Diese drei Dinge gehen Hand in Hand und bauen aufeinander auf. Durch Liebe und Leidenschaft entsteht eisernes Durchhaltevermögen. Und durch eisernes Durchhaltevermögen entsteht der Drang, sich ständig weiterentwickeln zu wollen.
Wenn du es schaffst, diese Eigenschaften nicht nur für dein Business, sondern auch für dein ganzes Leben umzusetzen, wirst du belohnt werden. Mit einem freien, unabhängigen Leben. Einem Leben, das dir Türen öffnet, die du vorher nie gesehen hast. Ein Leben, das dir nach viel harter Arbeit irgendwann eines beschert: Erfüllung.

So, und jetzt tu uns bitte einen Gefallen. Klapp das Buch zu, leg es zur Seite, nimm dir ein Blatt Papier, schreib deinen größten Traum ganz fett in die Mitte, häng den Zettel an deine Schlafzimmertür und dann fang an!

Es ist dein Leben! Es hat durchschnittlich nur 30.000 Tage! Es ist das Einzige, das du hast, und es startet genau:

JETZT! **Versau es dir nicht!**

Alles Liebe – aus tiefstem Herzen,

Sara & Marco

BÜCHEREMPFEHLUNGEN

Graf, Alexander, Schneider, Holger
Das E-Commerce Buch: Marktanalysen – Geschäftsmodelle – Strategie
Deutscher Fachverlag 2017 (2. Aufl.)

Klein, Zamyat M.
150 kreative Webinar-Methoden. Kreative und lebendige Tools und Tipps für Ihre Live-Online-Trainings (Edition Training aktuell)
managerSeminare Verlag 2015

Klaus, Wilhelm
Affiliate Marketing: Die ultimative Schritt für Schritt Anleitung
Independently published 2017

Fischer-Epe, Martin
Coaching: Miteinander Ziele erreichen!
Rowohlt TB 2011 (7. Aufl.)

Wehrle, Martin
Die 100 besten Coaching-Übungen: Das große Workbook für Einsteiger und Profis zur Entwicklung der eigenen Coaching-Fähigkeiten
managerSeminare Verlag 2017 (10. Aufl.)

Sawtschenko, Peter
Positionierung – das erfolgreichste Marketing auf unserem Planeten
Gabal 2005 (6. Aufl.)

WEBSEITEN- & BLOGVERZEICHNIS

www.wirelesslife.de – Vieles zum Thema Steuern, Versicherungen und Leben als digitaler Nomade
www.22places.de – Hervorragende Infos zum Thema Fotografieren und Online-Fotokurs
www.citizencircle.de – Community & Mitgliederbereich für angehende digitale Nomaden
www.seokratie.de – Blog zum Thema Suchmaschinenoptimierung (SEO)
www.t3n.de – Großes Magazin mit topaktuellen News im digitalen Business-Bereich
www.selbststaendig-im-netz.de – Blog mit vielen verschiedenen Themen um online selbstständig zu werden. Sehr gut für Einsteiger!
www.affiliate-marketing-tipps.de – Blog mit vielen wertvollen Infos über Affiliate-Marketing
www.blogmojo.de – Blog mit wichtigen Infos & Anleitungen zum Bloggen selbst
www.privatelabeljourney.de – Blog zum Thema E-Commerce
www.selbst-management.biz – Blog zum Thema Zeit- & Selbstmanagement
www.carolinepreuss.de – Profi für Instagram, Pinterest & Online-Kurse
www.creatoracademy.youtube.com – Eine sehr ausführliche, kostenlose und selbst von YouTube ins Leben gerufene »Online-Akademie«, um erfolgreicher YouTuber zu werden

DIE SEHNSUCHTSORTE IN DIESEM BUCH ...

S. 8/9: Amara Hotel, Bangkok, Thailand; S. 10: Zwölf Apostel, Great Ocean Road, Australien; S. 12: Wilsons Promontory Nationalpark, Australien; S. 16/17: Cabo de Gata Nationalpark, Andalusien; S. 23: Bai Xep Beach, Quy Nonh, Vietnam; S. 28: Leela Beach, Koh Pha-ngan, Thailand; S. 31: am Münchner Flughafen vor dem Abflug nach Bangkok: Wir machen ernst!; S. 32: Aussichtpunkt auf Koh Pha-ngan, Thailand; S. 36: In unserer Wohnung in Kuala Lumpur, Malaysia; S. 38/39: unser Andalusien-Reiseführer ist fertig gedruckt und das wird gefeiert; S. 42/43: Dam Trau Beach, Con Dao Insel, Vietnam; S. 44/45: Bai Xep Beach, Quy Nonh, Vietnam; S. 48/49: Vong Beach, Con Dao-Insel, Vietnam; S. 50: Keurboom Beach, Plettenberg Bay, Südafrika; S. 53: Tamoree-Aussichtspunkt, Australien; S. 56: Gleich geht´s ans Skypen mit den Lieben zu Hause – hier in Port Stephens, Australien; S. 62/63: Cabo de Gata Nationalpark, Andalusien; S. 66: Treffen mit anderen Reisebloggern in Berlin; S. 72/73: Baan Tai Beach, Koh Pha-ngan, Thailand; S. 75: Cabo de Gata-Nationalpark, Andalusien; S. 79: Unser erster Campertrip durch Australien; S. 85: Marco arbeitet am Flughafen von Kairo, Ägypten; S. 90: Dam Trau Beach, Con Dao-Insel, Vietnam; S. 93: Hang Mua-Aussichtspunkt, Ninh Binh, Vietnam; S. 98/99: Cazorla, Andalusien; S. 101: Wir packen für unsere Südafrika Reise; S. 105: Than Sadet Beach, Koh Pha-ngan, Thailand; S. 108: Train Street, Hanoi, Vietnam; S. 111: Relaxen in unserer Unterkunft in Bangkok, Thailand; S. 116: Bootstour in Trang An, Ninh Binh, Vietnam; S. 119: Natures Valley, Garden Route, Südafrika; S. 124/125: Airplane Graveyard, Bangkok, Thailand; S. 128/129: Shelly Beach, Nambucca Heads, Australien; S. 132: Gasse in Hoi An, Vietnam; S. 140: Bai Xep Beach, Quy Nonh, Vietnam; S. 149: Arbeiten in Pai, Thailand; S. 157: Instagram Storys und Bloggen in Melbourne, Australien; S. 164/165: Playa de los Bateles, Conil de la Frontera, Andalusien; S. 172: Pebbly Beach, Murramarrang-Nationalpark, Australien; S. 181: Eselwanderung in Arbas, Frankreich; S. 186/187: Zwölf Apostel, Great Ocean Road, Australien; S. 194/195: Aussicht auf Sydney, Australien; S. 202: Thong Nai Pan Yai Beach, Koh Pha-ngan, Thailand; S. 206: Shelly Beach, Nambucca Heads, Australien; S. 211: Unsere Wohnung in Kuala Lumpur, Malaysia; S. 215: Erste Offline-Zeit nach 2,5 Jahren in Thailand; S. 219: Brenton on Sea Beach, Südafrika